石油企业岗位练兵手册

采 油 工

大庆油田有限责任公司　编

石油工业出版社

图书在版编目（CIP）数据

采油工/大庆油田有限责任公司编.

北京：石油工业出版社，2013.9

石油企业岗位练兵手册

ISBN 978－7－5021－9753－7

Ⅰ. 采…

Ⅱ. 大…

Ⅲ. 石油开采-技术手册

Ⅳ. TE35－62

中国版本图书馆 CIP 数据核字（2013）第 211876 号

出版发行：石油工业出版社
　　　　　（北京安定门外安华里 2 区 1 号　100011）
　　　　　网　址：http：// www.petropub.com
　　　　　编辑部：(010)64523580　图书营销中心：(010)64523633
经　　销：全国新华书店
印　　刷：北京晨旭印刷厂

2013 年 9 月第 1 版　2022 年 4 月第 4 次印刷
787×1092 毫米　开本：1/32　印张：4.875
字数：112 千字

定价：15.00 元
（如出现印装质量问题，我社图书营销中心负责调换）

《石油企业岗位练兵手册》编委会

主　　任：王建新

副 主 任：赵玉昆

委　　员：宋　俭　董洪亮　吴景刚　全海涛
　　　　　戴　莹　王　旭

本书编审组

主　　编：陈　刚

副 主 编：孟凡文　王　威

编写组成员：任相财　吴　蔚　陈安秋　韩　波
　　　　　　任　平　陈学芳　明英花　张有兴
　　　　　　孙桂兰　戈　莉　张　雷　张　彬
　　　　　　吴　杨　尹卓然

审核组成员：刘　丽　杨海波　武钟麟　王海波
　　　　　　邹继艳　赵海涛　汲红军　孟玉华
　　　　　　李雪莲　韩喜波　李作光　高亚全
　　　　　　宋宝玉

前　言

　　岗位练兵是大庆油田的优良传统，是强化基本功训练、提升员工素质的重要手段。新时期、新形势下，按照全面加强三基工作的有关要求，为进一步强化和规范经常性岗位练兵活动，切实提高基层员工队伍的基本素质，按照"实际、实用、实效"的原则，大庆油田有限责任公司人事部组织编写了《石油企业岗位练兵手册》丛书。围绕提升政治素养和业务技能的要求，本套丛书架构分为基本素养、基础知识、基本技能三部分。基本素养包括企业文化（大庆精神、铁人精神、优良传统）和职业道德等内容，基础知识包括与工种岗位密切相关的专业知识和 HSE 知识等内容，基本技能包括操作技能和常见故障判断处理等内容。本套丛书的编写，严格依据最新行业规范和技术标准，同时充分结合目前专业知识更新、生产设备调整、操作工艺优化等实际情况，具有突出的实用性和规范性的特点，既能作为基层开展岗位练兵、提高业务技能的实用教材，也可以作为员工岗位自学、单位开展技能竞赛的参考资料。

　　希望本套丛书的出版能够为各石油企业有所借鉴，为持续、深入地抓好基层全员培训工作，不断提升员工队伍整体素质，为实现石油企业科学发展提供人力资源保障。同时，也希望广大读者对本套丛书的修改完善提出宝贵意见，以便今后修订时能更好地规范和丰富其内容，为基层扎实有效地开展岗位练兵活动提供有力支撑。

编　者
2013 年 3 月

目　录

第一部分　基　本　素　养

第二部分 基 础 知 识

第三部分 基 本 技 能

第一部分 基本素养

一、企业文化

（一）名词解释

1. 大庆精神：为国争光、为民族争气的爱国主义精神；独立自主、自力更生的艰苦创业精神；讲究科学、"三老四严"的求实精神；胸怀全局、为国分忧的奉献精神。

2. 铁人精神："为国分忧、为民族争气"的爱国主义精神；为"早日把中国石油落后的帽子甩到太平洋里去"，"宁肯少活20年，拼命也要拿下大油田"的忘我拼搏精神；为干革命"有条件要上，没有条件创造条件也要上"的艰苦奋斗精神；"要为油田负责一辈子"，"干工作要经得起子孙后代检查"，对技术精益求精，为革命"练一身硬功夫、真本事"的科学求实精神；"甘愿为党和人民当一辈子老黄牛"，不计名利，不计报酬，埋头苦干的奉献精神。

3. 艰苦奋斗的六个传家宝："人拉肩扛"精神，"干打垒"精神，"五把铁锹闹革命"精神，"缝补厂"精神，"回收队"精神，"修旧利废"精神。

4. 三老四严：对待革命事业，要当老实人，说老实话，办老实事；对待工作，要有严格的要求，严密的组织，严肃的态度，严明的纪律。

5. 四个一样：黑天和白天一个样，坏天气和好天气一个样，领导不在场和领导在场一个样，没有人检查和有人检查一个样。

6. 思想政治工作"两手抓"：抓生产从思想入手，抓思想从生产出发。这是大庆正确处理思想政治工作与经济工作关系的基本原则，也是大庆思想政治工作的一条基本经验。

7. 岗位责任制：岗位专责制、交接班制、巡回检查制、设备维修保养制、质量负责制、岗位练兵制、安全生产制、班组经济核算制。

8. 三基工作：以党支部建设为核心的基层建设，以岗位责任制为中心的基础工作，以岗位练兵为主要内容的基本功训练。

9. 四懂三会：懂设备性能、懂结构原理、懂操作要领、懂维护保养；会操作，会保养，会排除故障。

10. 五条要求：人人出手过得硬，事事做到规格化，项项工程质量全优，台台在用设备完好，处处注意勤俭节约。

11. 新时期铁人：王启民。

12. 大庆新铁人：李新民。

（二）问答

1. 简述大庆油田名称的由来。

1959年9月26日，建国十周年大庆前夕，位于黑龙江省原肇州县大同镇附近的松基三井喷出了具有工业价值的油流，为了纪念这个大喜大庆的日子，当时黑龙江省委第一书记欧阳钦同志建议将该油田定名为大庆油田。

2. 中共中央何时批准大庆石油会战？

1960 年 2 月 13 日，石油工业部以党组的名义向中共中央、国务院提出了《关于东北松辽地区石油勘探情况和今后工作部署问题的报告》，1960 年 2 月 20 日中共中央正式批准大庆石油会战。

3. 什么是"两论"起家？

1960 年 4 月 10 日，大庆石油会战一开始，会战领导小组就以石油工业部机关党委的名义做出了《关于学习毛泽东同志所著〈实践论〉和〈矛盾论〉的决定》，号召广大会战职工学习毛泽东同志的《实践论》、《矛盾论》和毛泽东同志的其他著作，以马列主义、毛泽东思想指导石油大会战，用辩证唯物主义的立场、观点、方法，认识油田规律，分析和解决会战中遇到的各种问题。广大职工说，我们的会战是靠"两论"起家的。

4. 什么是"两分法"前进？

1964 年，《人民日报》发表了《大庆精神大庆人》长篇通讯。毛泽东同志发出了"工业学大庆"的号召。当时，又正值毛泽东同志发表了《加强相互学习，克服固步自封、骄傲自满》。石油工业部党组根据油田实际抓住时机，及时在全体职工中进行了"两分法"教育。"两分法"的主要内容是：在任何时候，对任何事情，都要运用"两分法"。成绩越好，形势越好，越要一分为二。要坚持学"两点论"，反对"一点论"，坚持辩证法，反对形而上学，揭矛盾，找差距，戒骄戒躁，不断前进。

5. 简述会战时期"五面红旗"及其具体事迹。

"五面红旗"喻指大庆石油会战初期涌现的五位先进榜

样：王进喜、马德仁、段兴枝、薛国邦、朱洪昌。钻井队长王进喜带领队伍人拉肩扛抬钻机，端水打井保开钻，在发生井喷的危急时刻，奋不顾身跳下泥浆池，用身体搅拌泥浆制服井喷；钻井队长马德仁在泥浆泵上水管线冻结时，不畏严寒，破冰下泥浆池，疏通上水管线；钻井队长段兴枝在吊车和拖拉机不足的情况下，利用钻机本身的动力设施，解决了钻机搬家的困难；大庆油田第一个采油队队长薛国邦自制绞车，给第一批油井清蜡，又手持蒸汽管下到油池里化开凝结的原油，保证了大庆油田首次原油外运列车顺利起程；工程队队长朱洪昌在供水管线漏水时，用手捂着漏点，忍着灼烧的疼痛，让焊工焊接裂缝，保证了供水工程提前竣工。

6. 大庆投产的第一口油井和试注成功的第一口水井各是什么？

1960 年 5 月 16 日，大庆第一口油井中 7－11 井投产；1960 年 10 月 18 日，大庆油田第一口注水井 7 排 11 井试注成功。

7. 会战时期讲的"三股气"是指什么？

对一个国家来讲，就要有民气；对一个队伍来讲，就要有士气；对一个人来讲，就要有志气。三股气结合起来，就会形成强大的力量。

8. 什么是"九热一冷"工作法？

"九热一冷"工作法是大庆石油会战中创造的一种领导工作方法，指在一旬中，九天跑基层了解情况，一天坐下来分析研究工作中的经验教训。

9. 什么是"三一"、"四到"、"五报"交接法？

对重要的生产部位要一点一点地交接、对主要的生产数据要一个一个地交接、对主要的生产工具要一件一件地交接；交接班时应该看到的要看到、应该听到的要听到、应该摸到的要摸到、应该闻到的要闻到；交接班时报检查部位、报部件名称、报生产状况、报存在的问题、报采取的措施，开好交接班会议，会议记录必须规范完整。

10. 大庆油田原油年产5000万吨以上持续稳产的时间是哪年？

1976年至2002年，大庆油田实现原油年产5000万吨以上连续27年高产稳产，创造了世界同类油田开发史上的奇迹。

11. 中国石油天然气集团公司核心经营管理理念是什么？

诚信：立诚守信，言真行实；创新：与时俱进，开拓创新；业绩：业绩至上，创造卓越；和谐：团结协作，营造和谐；安全：以人为本，安全第一。

12. 中国石油天然气集团公司企业精神是什么？

爱国：爱岗敬业，产业报国，持续发展，为增强综合国力作贡献。创业：艰苦奋斗，锐意进取，创业永恒，始终不渝地追求一流。求实：讲求科学，实事求是，"三老四严"，不断提高管理水平和科技水平。奉献：职工奉献企业，企业回报社会、回报客户、回报职工、回报投资者。

13. 新时期新阶段三基工作的基本内涵是什么？

基层建设、基础工作、基本素质。基层建设是以党建、班子建设为主要内容的基层组织和队伍建设，是企业发展的重要保障；基础工作是以质量、计量、标准化、制度、流程等为主要内容的基础性管理，是企业管理的重要着力点；基本素质是以政治素养和业务技能为主要内容的员工素质与能力，是企业综合实力的重要体现。

14. "十二五"时期，中国石油天然气集团公司全面推进三基工作新的重大工程的总体思路是什么？

以科学发展观为指导，紧紧围绕建设综合性国际能源公司战略目标，突出主题主线主旨，坚持以人为本、公平效率，坚持求真务实、与时俱进，更加注重制度的建设和执行，更加注重流程的规范和控制，更加注重管理的绩效和创新，全面提升基层建设、基础管理水平和员工基本素质，为实现集团公司可持续发展奠定坚实基础。

15. 中国石油天然气集团公司全面推进三基工作新的重大工程的主要目标是什么？

基层组织坚强有力，基础管理科学规范，基本素质整体优良，HSE业绩显著提升，发展环境和谐稳定，服务型机关建设成效显著。

二、职业道德

（一）名词解释

1. 道德：是调节个人与自我、他人、社会和自然界之间关系的行为规范的总和。

2. 职业道德：同人们的职业活动紧密联系的、符合职业特点要求的道德准则、道德情操与道德品质的总和。

3. 爱岗敬业：爱岗就是热爱自己的工作岗位，热爱自己从事的职业；敬业就是以恭敬、严肃、负责的态度对待工作，一丝不苟，兢兢业业，专心致志。

4. 诚实守信：诚实就是真心诚意，实事求是，不虚假，不欺诈；守信就是遵守承诺，讲究信用，注重质量和信誉。

5. 劳动纪律：用人单位为形成和维持生产经营秩序，保证劳动合同得以履行，要求全体员工在集体劳动、工作、生活过程中，以及与劳动、工作紧密相关的其他过程中必须共同遵守的规则。

（二） 问答

1. 社会主义精神文明建设的根本任务是什么？

适应社会主义现代化建设的需要，培育有理想、有道德、有文化、有纪律的社会主义公民，提高整个中华民族的思想道德素质和科学文化素质。

2. 我国社会主义思想道德建设的基本要求是什么？

爱祖国、爱人民、爱劳动、爱科学、爱社会主义。

3. 为什么要遵守职业道德？

职业道德是社会道德体系的重要组成部分，它一方面具有社会道德的一般作用，另一方面它又具有自身的特殊作用，具体表现在：（1）调节职业交往中从业人员内部以及从业人员与服务对象间的关系。（2）有助于维护和提高本行业的信誉。（3）促进本行业的发展。（4）有助于提高全社会的道德水平。

4. 爱岗敬业的基本要求是什么？

（1）要乐业。乐业就是从内心里热爱并热心于自己所从事的职业和岗位，把干好工作当作最快乐的事，做到其乐融融。（2）要勤业。勤业是指忠于职守，认真负责，刻苦勤奋，不懈努力。（3）要精业。精业是指对本职工作业务纯熟，精益求精，力求使自己的技能不断提高，使自己的工作成果尽善尽美，不断地有所进步、有所发明、有所创造。

5. 诚实守信的基本要求是什么？

要诚信无欺，要讲究质量，要信守合同。

6. 职业纪律的重要性是什么？

职业纪律影响到企业的形象，职业纪律关系到企业的成败，遵守职业纪律是企业选择员工的重要标准，遵守职业纪律关系到员工个人事业的成功与发展。

7. 合作的重要性是什么？

合作是企业生产经营顺利进行的内在要求，是从业人员汲取智慧和力量的重要手段，是打造优秀团队的有效途径。

8. 奉献的重要性是什么？

奉献是企业发展的保障，是从业人员履行职业责任的必由之路，有助于创造良好的工作环境，是从业人员实现职业理想的途径。

9. 奉献的基本要求是什么？

（1）尽职尽责。要明确岗位职责，要培养职责情感，要全力以赴工作。（2）尊重集体。以企业利益为重，正确对待个人利益，要树立职业理想。（3）为人民服务。树立为人民服务的意识，培育为人民服务的荣誉感，提高为人民服务的本领。

10. 企业员工应具备的职业素养是什么？

诚实守信、爱岗敬业、团结互助、文明礼貌、办事公道、勤劳节俭、开拓创新。

11. 培养"四有"职工队伍的主要内容是什么？

有理想、有道德、有文化、有纪律。

12. 如何做到团结互助？

（1）具备强烈的归属感。（2）参与和分享。（3）平等尊重。(4) 信任。(5) 协同合作。(6) 顾全大局。

13. 职业道德行为养成的途径和方法是什么？

（1）在日常生活中培养。从小事做起，严格遵守行为规范；从自我做起，自觉养成良好习惯。（2）在专业学习中训练。增强职业意识，遵守职业规范；重视技能训练，提高职业素养。（3）在社会实践中体验。参加社会实践，培养职业道德；学做结合，知行统一。（4）在自我修养中提高。体验生活，经常进行"内省"；学习榜样，努力做到"慎独"。（5）在职业活动中强化。将职业道德知识内化为信念；将职业道德信念外化为行为。

14. 中国石油天然气集团公司员工职业道德规范具体内容是什么？

（1）遵守公司经营业务所在地的法律、法规。（2）认真践行公司精神、宗旨及核心经营管理理念。（3）遵守公司章程，诚实守信，忠诚于公司。（4）继承弘扬大庆精神、铁人精神和中国石油优良传统作风。（5）认真履行岗位职责。（6）坚持公平公正。（7）保护公司资产并用于合法目的。（8）禁止参与可能导致与公司有利益冲突的活动。

15. 对违纪员工的处理原则是什么？

（1）教育为主、惩罚为辅。（2）区别情节、分类对待。（3）实事求是、依法处理。

16. 对员工的奖励包括哪几种？

记功、记大功，晋级，通令嘉奖，授予先进生产（工作）者、劳动模范等荣誉称号。在给予上述奖励时，可以发给一次性奖金。

17. 对员工的行政处分包括哪几种？

警告、记过、记大过、降级、撤职、留用察看、开除。在给予上述行政处分的同时，可以给予一次性罚款。

18.《中国石油天然气集团公司反违章禁令》有哪些规定？

为进一步规范员工安全行为，防止和杜绝"三违"现象，保障员工生命安全和企业生产经营的顺利进行，特制定本禁令。

一、严禁特种作业无有效操作证人员上岗操作；

二、严禁违反操作规程操作；

三、严禁无票证从事危险作业；

四、严禁脱岗、睡岗和酒后上岗；

五、严禁违反规定运输民爆物品、放射源和危险化学品；

六、严禁违章指挥、强令他人违章作业。

员工违反上述禁令，给予行政处分；造成事故的，解除劳动合同。

第二部分 基础知识

一、专业知识

（一）名词解释

1. 开发方式：依靠哪种能量驱油开发油田。

2. 一次采油：依靠油藏天然能量进行油田开采的方法，如常见的溶解气驱、气顶驱和弹性驱等。

3. 二次采油：利用注水、注气等来保持和补充油藏能量的开采方法。

4. 三次采油：在二次采油末期，综合含水上升到经济极限后，再利用热力驱、混相驱、化学驱等技术继续开发剩余油的方法，称为三次采油。

5. 三大矛盾：油田开发中的层间矛盾、平面矛盾、层内矛盾统称为油田开发的三大矛盾。

6. 地质储量：在原始地层条件下，具有产油（气）能力的储层中原油（气）的总量。

7. 可采储量：在现有工艺技术和经济条件下，从储层中所能采出的那部分油（气）储量。

8. 采收率：在某一经济极限内，利用现代工艺技术，从油藏原始地质储量中可以采出石油量的百分数。

9. 原始地层压力：油气藏开发以前，油层孔隙中流体所承受的压力。即油层在开采前，从探井中测得的油层中部压力。

10. 目前地层压力（静压）：油田投入开发以后，在某一时刻关井稳定后测得的油层中部压力。

11. 流动压力（流压）：油井正常生产时测得的油层中部压力。

12. 总压差：原始地层压力与目前地层压力的差值。

13. 采油压差：油井正常生产时地层压力与井底流动压力的差值，又称生产压差。

14. 饱和压力：在地层条件下，当压力下降到天然气开始从原油中分离时的压力。

15. 原油体积系数：在地层条件下单位体积原油与它在地面标准条件下脱气后的体积之比。

16. 产量递减率：单位时间的产量变化率或单位时间内产量递减的百分数。

17. 综合递减率：反映油田老井在采取增产措施情况下的产量递减速度。

18. 自然递减率：反映油田老井在未采取增产措施情况下的产量递减速度。

19. 采油速度：年产油量与其动用的地质储量比值的百分数。

20. 采出程度：油田开采到某一时刻，累积从地下采出的油量与动用地质储量比值的百分数。

21. 采油强度：单位油层有效厚度（每米）的日产油量，

单位：t/（d·m）。

22. 采油指数：单位生产压差下的日产油量，单位：t/（d·MPa）。

23. 含水率：在数值上等于油田或油井日产水量与日产液量质量之比的百分数。

24. 含水上升率：每采出 1% 的地质储量，含水上升的百分数。

25. 动液面：油井在正常生产过程中，油管、套管环形空间中的液面深度叫动液面。

26. 静液面：油井关井后，油管、套管环形空间中的液面逐渐上升到一定位置，并且稳定下来时的液面深度。

27. 沉没度：深井泵沉没到动液面以下的深度，其大小等于泵挂深度减去油井动液面深度。

28. 油管压力（油压）：油气从井底经油管流到井口后的剩余压力。

29. 套管压力（套压）：油套环形空间内，油气在井口的剩余压力。

30. 抽油机冲程：抽油机工作时，光杆在驴头的带动下做上下往复运动，抽油机冲程是光杆运动的最高点和最低点之间的距离，单位：m。

31. 抽油机冲次：抽油泵活塞在工作筒内每分钟往复运动的次数。

32. 抽油机平衡率：抽油机下冲程电流与上冲程电流之比的百分数。

33. 抽油机井示功图：描绘抽油机井驴头悬点载荷与光杆位移的关系曲线。

34. 深井泵泵径：井下抽油泵活塞截面积的直径，单位：mm。

35. 深井泵泵效：油井的实际产液量与泵的理论排量比值的百分数。

36. 深井泵充满系数：抽油泵活塞完成一次冲程时，泵内进入液体的体积与活塞让出体积的比值。

37. 深井泵防冲距：抽油泵活塞运行到最低点时，活塞最下端和固定阀之间的距离。

38. 深井泵气锁：是指气体充满了深井泵工作筒，封锁了原油进入深井泵的通路，深井泵活塞在上、下冲程中只对气体进行压缩和膨胀，固定阀和游动阀不能打开，造成油井不出油的现象。

39. 电动潜油泵排量：单位时间内电动潜油泵排出液体的体积。

40. 螺杆泵反转：由于转矩和流体势能的释放，使螺杆泵、驱动杆柱和动力链的工作转向朝相反方向旋转的过程。

41. 笼统注水：注水井不分层段，在同一压力下注水的方式。

42. 分层注水：根据油层的性质及特点，把性质相近的油层合为一个注水层段，应用以封隔器、配水器等为主组成的分层配水管柱，将不同性质的油层分隔开来，用不同压力对不同层段定量注水的方式。

43. 注水井正注：注水井从油管向油层内注水的方法。

44. 注水井反注：注水井从套管向油层内注水的方法。

45. 注水井合注：注水井从油管、套管一起向油层内注水的方法。

46. 注水井注水压力：注水井注水时的井底压力。

47. 注水井启动压力：注水井油层开始吸水时的注水压力。

48. 注水井注水压差：注水井注水时的井底压力与地层压力的差值。

49. 注水井注水量：注水井单位时间内向油层中注入的水量。

50. 注水井配注：对于注水开发的油田，为了保持地下流体处于合理状态，根据注采平衡，减缓含水率上升速度等，对注水井确定合理的注水量。

51. 注水井吸水指数：注水井在单位注水压差下的日注水量，单位：$m^3/(d \cdot MPa)$。

52. 注采比：注入剂（如水）在地下所占的体积与采出物（油、气、水）在地下所占的体积之比。

53. 注采平衡：注入油层水量与采出液量的地下体积相等，注采比为1。

54. 化学驱油：利用注入油层的化学剂改善地层原油—化学剂溶液—岩石之间的物理特性，从而提高原油采收率的驱油方法。化学驱包括聚合物驱、表面活性剂驱、碱水驱、复合驱和泡沫驱等。

55. 三元复合驱油：在注入水中加入低浓度的碱、表面活性剂和聚合物的复合体系，从而提高采收率的驱油方法。

56. 微生物驱油：在油田开发中，利用微生物及其代谢物来增加原油产量的方法。

57. 聚合物驱油：以聚合物水溶液为驱油剂，通过增加注入水的黏度，在注入过程中降低水浸带的岩石渗透率，提高注入水的波及效率，改善水驱油效果。

58. 聚合物降解： 在一定条件下，聚合物的聚合度降低的现象。

59. 聚合物注入速度： 年注入聚合物溶液量与油层孔隙体积的比值。

60. 聚合物注入程度： 累积注入聚合物溶液量与油层孔隙体积的比值。

（二）问答

1. 抽油机分为哪几类？

按传动方式可分为机械式传动抽油机、液压式传动抽油机。按外形结构和原理可分为游梁式抽油机和无游梁式抽油机。其中游梁式抽油机可分为常规式抽油机、前置（移）式抽油机、异形游梁式抽油机；无梁式抽油机可分为塔架式抽油机、链条式抽油机、矮形异相曲柄平衡抽油机。

2. 游梁式抽油机由几部分组成？

游梁式抽油机由主机和辅机组成。主机由底座、减速箱、曲柄、平衡块、连杆、横梁、支架、游梁、驴头、悬绳器、刹车装置及各种连接轴承组成；辅机由电动机、电路控制装置组成。

3. 游梁式抽油机的工作原理是什么？

由电动机供给动力，经减速装置将电动机的高速旋转变为输出轴的低速运动，并由曲柄—连杆—游梁机构将旋转运动变为抽油机的往复运动，带动抽油杆、深井泵工作。

4. 游梁式抽油机的型号如何表示？

游梁式抽油机型号表示方法如下：

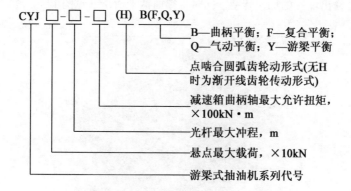

5. 游梁式抽油机驴头的作用是什么？

保证抽油时光杆始终对准井口中心位置。驴头的弧线是以支架轴承为圆心，游梁前臂长为半径画弧而得到的。

6. 游梁式抽油机驴头在修井时移开井口的方法有几种？

侧转式、上翻式、可卸式三种。

7. 游梁式抽油机游梁的作用是什么？

游梁固定在支架上，前端安装驴头承受井下负荷，后端连接横梁、连杆、曲柄、减速箱传递电动机的动力。

8. 游梁式抽油机平衡块的作用是什么？

抽油机上冲程时，平衡块向下运动，帮助克服驴头上的负荷；下冲程时，电动机使平衡块向上运动，储存能量。在平衡块的作用下，可以减小抽油机上、下冲程的负荷差别。平衡方式分为游梁平衡、曲柄平衡、复合平衡、气动平衡四种。

9. 游梁式抽油机减速箱的作用是什么？

将电动机的高速转动，通过三轴二级减速变成曲柄轴

（输出轴）的低速转动，同时支撑曲柄平衡块（见图1）。

图1　减速箱内部齿轮结构

10. 游梁式抽油机减速箱加多少机油为合适？

机油应加到上、中检查孔之间为合适。过多容易引起减速箱温度升高，且易造成各油封漏油；过少，齿轮在油中浸没度小，齿轮润滑效果差。特别是采用飞溅式润滑的轴承，起不到润滑作用。

11. 游梁式抽油机刹车装置有几种形式？各有什么特点？

现场常用的刹车装置分为内胀式和外抱式两种。轻型抽油机采用内胀式刹车，也有采用弹簧式刹车。内胀式刹车轻巧，操作方便，牢靠性强。大型抽油机均采用外抱式刹车，其牢固、可靠、制动性强，缺点是操作不方便，刹车速度慢（见图2、图3）。

图 2　外抱式刹车

图 3　内胀式刹车

12. 游梁式抽油机刹车系统在抽油机运转中的地位如何？其系统性能主要取决于什么？

（1）抽油机的刹车系统是非常重要的操作控制装置，其制动性是否灵活可靠，对抽油机各种操作的安全起着决定性作用。（2）刹车系统性能主要取决于刹车行程（纵向、横向）和刹车片的合适程度。

13. 常用抽油杆分几级？分别在什么情况下使用？

目前生产用抽油杆有 C、D、K 三级。C 级抽油杆用于轻、中负荷及无腐蚀物的油井；D级抽油杆用于中、重负荷及无腐蚀物的油井；K级抽油杆用于轻、中负荷及有腐蚀物的油井。

14. 抽油杆（CYG25/1500C）的含义是什么？

CYG表示抽油杆系列代号；25表示抽油杆直径为25mm；1500表示短抽油杆长度为1500mm；C表示所用钢为40号、45号钢正火处理。

15. 使用光杆时注意事项有哪些？

（1）尽量不要损坏光杆，避免在光杆表面留下毛刺、凹坑等伤痕，万一出现毛刺、凹坑等，要及时去除。（2）配用与光杆直径吻合的光杆卡子，而且要配用一对相同规格的卡瓦片，切忌用一片卡瓦。（3）在搬运、存放过程中，避免光杆弯曲变形。特别在修井时，由于光杆上套着密封器等，提出来的光杆一定要垫平，防止光杆弯曲。（4）光杆卡子位于悬绳器上，要平整安放，不可出现倾斜，防止光杆发生弯曲。

16. 双驴头（异相型游梁式）抽油机的结构特点及适用条件是什么？

双驴头抽油机与普通抽油机相比，其结构特点是去掉了普通游梁式抽油机的尾轴，以一个后驴头装置代替，并与一个柔性配件即驱动绳辫子使之与横梁连接，构成了一个完整的抽油机四连杆机构。其优点是冲程长，可达5m，适用范围大，动载小，工作平稳，易启动；缺点是驱动绳辫子易磨损。该种抽油机适用于中、低黏度原油和高含水期的采油，是一种冲程长、节能好的新型抽油机（见图4）。

17. 深井泵由哪几部分组成？

深井泵是有杆泵机械采油方法的一种专用设备，泵下在油井井筒中动液面以下一定深度，依靠抽油杆传递抽油机动

图4 双驴头抽油机丛式井图

力，将原油抽出地面。深井泵主要由工作筒、游动阀、固定阀、活塞、衬套等组成（见图5）。

（a）深井泵活塞　　　（b）阀与阀座　　　（c）固定阀与阀罩

图5 深井泵某些组成部分

18. 深井泵的工作原理是什么？

当活塞上行时，游动阀关闭，固定阀打开，井内液体进入泵筒，充满活塞上行所让出的空间。当活塞下行时，游动阀打开，固定阀关闭，液体从泵筒内经过空心活塞上行进入油管。活塞上下不断运动，游动阀与固定阀不断交替关闭和打开，井内液体不断进入工作筒，从而上行进入油管，最后到达地面。

19. 如何选择深井泵的类型和泵径？

深井泵分为管式泵和杆式泵两种。一口抽油井用什么类型的深井泵，要根据原油产量、含砂、含水、气油比、泵挂深度和抽油机型号等因素来选择。配产高、油稠、含蜡高、出砂多、泵挂不深、气油比不高的井应选用管式泵；产量小、泵挂深、含砂少、气油比高的井，应采用杆式泵。泵径大小主要根据油井产量和抽油机负载能力来定，产量高、负荷不超过抽油机的负载能力，可选用大泵径，反之则用小泵径。

20. 深井泵理论排量的计算公式是什么？

理论排量就是深井泵在理想的情况下，活塞一个冲程可排出的液量，在数值上等于活塞上移一个冲程时所让出的体积。其计算公式如下：

$$Q_{理} = 1440Sn(\pi D^2/4)$$

式中　$Q_{理}$——抽油泵理论排量，m^3/d；

　　　S——抽油机井冲程，m；

　　　n——抽油机井冲次，min^{-1}；

　　　D——抽油泵泵径，mm。

21. 深井泵泵效的计算公式是什么？

$$\eta = Q_{实}/(\rho_{液} \cdot Q_{理}) \times 100\%$$

式中　η——抽油机井泵效，%；

　　　$Q_{实}$——抽油机井实际产液量，t/d；

　　　$\rho_{液}$——采出液相对密度，无量纲量；

　　　$Q_{理}$——抽油泵理论排量，m^3/d。

22. 如何提高深井泵泵效？

（1）提高注水效果，保持地层能量，稳定地层压力，提高供液能力；（2）合理选择深井泵，提高泵的质量，保证泵的配合间隙及阀不漏；（3）合理选择抽油机井工作参数；（4）减少冲程损失。

23. 深井泵损坏的原因有哪些？

（1）深井泵在工作中受砂、蜡、水、气及稠油的影响，工作条件恶劣导致了泵的损坏；（2）带泵筒酸化，造成衬套和固定阀腐蚀损坏；（3）部分斜井造成活塞与衬套偏磨；（4）由于地层水、硫化氢气体腐蚀，使阀球、阀座、活塞和衬套损坏；（5）由于打捞、碰泵、对扣等操作未严格按照操作规程进行，造成固定阀锁环断裂，打捞头撞断、弯曲等现象；（6）搬运中未注意轻搬轻放，造成深井泵外管弯曲或碰扁。

24. 造成抽油机井检泵的原因有哪些？

（1）井下泵结蜡严重，造成卡泵；（2）活塞管杆断脱；（3）调节泵挂深度（目的是调整供液与抽吸关系），适应合理生产压差；（4）换（大、小）泵；（5）调整泵下部配产管柱。

25. 防止气锁的方法有哪些？

（1）加深泵挂，提高深井泵吸入口压力；（2）在泵的尾部安装气锚；（3）调小防冲距，采用三阀泵，缩小余隙容积；（4）采取间歇开井措施，使油层压力得到恢复，使深井泵在一定液面深度下工作；（5）合理控制套压，保持合理动液面深度。

26. 现场使用的防气措施有几种？

（1）在泵的进口处安装气锚，使气体不进入泵筒内；（2）采用缩小深井泵余隙容积的方法；（3）增加深井泵的沉没压力，即增大沉没度，减少气体析出量；（4）对套压高的井，采取定期放气或定压阀放气的办法来减少气体影响。

27. 影响油井结蜡的因素有哪些？

（1）原油的性质和含蜡量；（2）原油中胶质、沥青质含量；（3）压力和溶气量；（4）原油中水和机械杂质；（5）液流速度、管壁粗糙度及表面性质。

28. 抽油机井结蜡对深井泵有什么影响？

（1）井口、地面管线结蜡，井口回压增大，深井泵压头增大；（2）深井泵出口结蜡，油管沿程损失增大，地面驱动系统负荷增大；（3）下泵部位结蜡，泵的吸液状况变差；（4）泵吸入口以下结蜡，泵效降低，易烧泵。

29. 如何判断抽油机井结蜡？

产量逐渐减少；抽油机上行负荷增大，下行负荷减小，电动机上行电流增加，下行电流比正常时也增加；光杆下行困难，严重者光杆不下行；关闭回压阀门，打开取样阀门，有时发现有小蜡块带出；示功图圈闭面积比正常时要大。

30. 油井防蜡方法一般有哪些？

（1）油管内衬和涂层防蜡；（2）化学防蜡；（3）磁防蜡；（4）声波防蜡。

31. 抽油机井出砂有哪些危害？

抽油机井出砂会磨损泵筒、活塞、阀球和阀座，导致泵效降低，油井产量减少，严重者可造成卡泵，堵塞油管，阻塞油层，迫使油井停产。

32. 如何判断抽油机井出砂？

取油样中有砂粒，取样阀门关不严，抽油机负荷增大，电动机声音不正常，手摸光杆有振动感觉，示功图呈锯齿状，严重出砂可造成深井泵砂卡。

33. 如何管理出砂油井？

（1）制定合理的配产方案，通过生产试验确定不会出砂的生产压差；（2）开、关井平稳操作，防止引起油层出砂。

34. 根据哪些指标确定对抽油机井进行热洗？

以下五项指标中，任意三项变化达到要求时，可确定对抽油机井进行热洗并确定合理的热洗周期。（1）产液量下降10%以上；（2）上电流上升1.12倍以上；（3）沉没度上升100m以上；（4）上行程载荷上升5%以上（未动管柱）；（5）下行程载荷下降3%以上（未动管柱）。

35. 在什么情况下不能对抽油机井进行热洗？

（1）来水压力低于油井套压；（2）来水温度低于75℃；（3）流程中有刺漏；（4）抽油机有故障未排除；（5）已通知停电、停泵的情况。

36. 油井热洗前有什么要求？

热洗前必须进行大排量的热水地面循环，计量间热洗汇管来水温度达到75℃以上时方可进行热洗。

37. 对不同产液量抽油机井的热洗时间有什么要求？

对于产液量为20t以下的井，热洗时间为7~8h，沉没度低于150m、泵径为56mm以下的井，热洗时，应把柱塞提出工作筒；产液量为20~50t的井，热洗时间为5~6h；产液量为50~90t的井，热洗时间为4~5h；产液量为90t以上的井，热洗时间为3h。上述产液量区间的低沉没度井，采用下限热洗时间。

38. 抽油机井热洗质量的评价指标是什么？

抽油机井热洗质量评价指标有五项：产液量增加；电流峰值下降；沉没度下降；上行程载荷下降；下行程载荷上升。

其中三项达到要求即为热洗合格。

39. 抽油机井示功图的用途是什么?

示功图分为理论示功图和实测示功图,是解释深井泵抽吸状况最有效的手段。通过直观的图形比较,可以分析判断抽油机井工作状况。

40. 利用抽油机井示功图可以检查抽油机井的哪些故障?

(1) 砂、蜡、气对抽油泵工作的影响;(2) 泵漏失;(3) 油管漏失;(4) 抽油杆断脱;(5) 活塞与工作筒配合状况;(6) 活塞被卡。

41. 抽油机井井下常见故障的检查方法有哪些?

(1) 利用动态控制图;(2) 利用示功图;(3) 井口憋压法;(4) 试泵法;(5) 井口呼吸观察法。

42. 抽油机井井下常见故障的处理方法有哪些?

(1) 循环冲洗;(2) 拔出工作筒冲洗;(3) 光杆对扣,打捞光杆;(4) 碰泵。

43. 抽油泵活塞未进入工作筒或抽油杆断脱时,井口有什么现象?

抽油井不出油;憋压时回压表指针不上升;光杆发热;抽油井上行载荷减轻,电动机上行电流减小,下行电流不变或增加。当抽油杆在井口附近断脱时,抽油杆上、下行载荷和电动机上、下行电流差异较大。

44. 抽油机井完井憋泵的标准是什么?

油压上升至 3.5MPa,停机 15min,压降小于 0.3MPa 为合格。

45. 抽油机电动机负载过重会出现什么后果?

(1) 温升过高;(2) 电流过大;(3) 绝缘损坏,烧毁电动机。

46. 抽油机为什么要定期保养？

抽油机运转一段时间后，会出现机件磨损、松动，油料消耗、变质等现象，必须对抽油机进行紧固、润滑、调整、更换零部件等操作，以保证抽油机长期正常运转，延长使用寿命，同时要及时检查，发现问题及时处理。

47. 如何检查抽油机皮带松紧度？

用手下按，可按下 1～2 指为合格；或手翻皮带，背面向上，松手后即恢复原状为合格。

48. 油井停产后为什么要扫线？

油井冬季或长期停产，液体在管线中停止流动，时间一长温度就会下降，液体逐渐凝固，造成管线堵塞。为了防止管线堵塞，便于下次开井，所以停产后必须扫线。

49. 油井增产措施有哪些？

压裂、酸化、堵水、补孔、调参（调冲程、调冲次、换泵）等。

50. 抽油机井节能技术主要分为哪几大类？

（1）节能型电动机；（2）节能型配电箱；（3）节能型抽油机；（4）其他类节能技术。

51. 电动潜油泵装置由几部分组成？

电动潜油泵装置由三大部分、七大件组成。井下部分：多级离心泵、潜油电动机、电动机保护器、油气分离器；中间部分：传输电能的专用电缆；地面部分：变压器、控制屏。

52. 电动潜油泵采油有什么特点？

电动潜油泵采油与其他机械采油方式相比，有排量大、扬程高、管理方便等特点，但一次投资成本较高，施工、管理技术条件要求严格。

53. 电动潜油泵的工作原理是什么？

地面控制屏把符合标准电压要求的电能，通过接线盒及电缆输给井下潜油电动机，潜油电动机再把电能转换成高速旋转的机械能传递给多级离心泵，从而使经油气分离器进入多级离心泵内的液体被加压举升至地面，与此同时井底压力（流压）降低，油层液体流入井底。

54. 电动潜油泵井油气分离器的作用什么？

目前各油田所使用的油气分离器有沉降式和旋转式（离心、涡流）两种。油气分离器安装在多级离心泵的吸入口处，作用是使井液通过时（在进入多级离心泵前）进行油气分离，减少气体对多级离心泵特性的影响。

55. 电动潜油泵井电动机保护器的作用什么？

电动机保护器保证电动机在密封的情况下工作，它的主要任务是平衡电动机内外腔压力、传递扭矩、轴向卸载和完成呼吸作用。

56. 电动潜油泵井控制柜有什么功能？

控制柜是电动潜油泵机组的专用控制设备。其功能有：（1）连接和切断供电电源与负载之间的电路；（2）通过电流记录仪，反映机组在井下的运行状态；（3）通过电压表检测机组的运行电压、控制电压；（4）识别负载短路和超负荷，完成机组的过载保护停机；（5）借助中心控制器，完成机组的欠载保护停机；（6）按预定的程序实现自动延时启动；（7）通过选择开关，完成机组的手动、自动两种启动；（8）通过指示灯显示机组的运行、欠载停机、过载停机三种状态。

57. 电动潜油泵井控制柜无电压的原因有哪些?

（1）停电或变压器熔断丝烧断；（2）地面电缆烧断；（3）控制闸刀接触不良；（4）烧坏控制变压器或烧断熔断丝。

58. 电动潜油泵井接线盒的作用是什么?

（1）连接地面与井下电缆；（2）方便测量机组参数和调整三相电源相序（电动机正、反转）；（3）防止井下天然气沿电缆内层进入控制屏而引起危险。

59. 电动潜油泵井为什么要设定过载值和欠载值?

电动潜油泵井的机泵安装在井下，工作时承受高压、大电流的重负荷。因为对负荷的影响因素很多，所以要保证机组正常运行就必须对其进行控制，需设定工作电流的最高、最低工作值的界限，即设定过载值和欠载值。

60. 电动潜油泵井过载值和欠载值的设定原则是什么?

（1）新下泵试运行时，过载电流值为额定电流的 1.2 倍，欠载电流值为 0.8 倍（也可为 0.6～0.7 倍）。（2）试运行几天后（一般 12h 以后就可以），再根据其实际工作电流值进行重新设定。原则是：过载电流值为实际工作电流的 1.2 倍，但最高不能高于额定电流的 1.2 倍，欠载电流值为实际工作电流的 0.8 倍，但最低不能低于空载允许最低值。

61. 影响电动潜油泵井生产的主要因素有哪些?

（1）抽吸流体性质；（2）电源电压；（3）设备性能；（4）油井管理水平。

62. 气体对电动潜油泵井采油有哪些影响?

电动潜油泵是一种多级离心泵，若游离气体过多，叶轮流道的大部分空间被气体占据，将严重影响电动潜油泵的扬程、排量及效率，最终使离心泵停止排液。日常生产中机组经常欠载停机，造成保护器失灵，而导致电动机烧坏。

63. 气蚀对电动潜油泵井运行有何影响？

气体随着井液进入离心泵，在叶轮高速旋转的作用下体积缩小，在叶轮中形成气蚀，产液量下降，严重时会出现欠载停机现象。

64. 如何减少气蚀对电动潜油泵井的影响？

安装井下分离器，使大部分气体排入油套环形空间；尽可能降低套压，加深泵挂，提高沉没度，减少气体影响。

65. 出砂对电动潜油泵井运行有何影响？

由于电动潜油泵叶轮间隙很小，长时间运转后，砂与叶轮摩擦而使叶轮间隙变大，漏失加大，严重时会产生卡泵现象，所以要求电动潜油泵井含砂量在 0.05% 以下。

66. 电动潜油泵井的清蜡方法有哪些？

机械清蜡（刮蜡片清蜡）；热油循环清蜡；电缆热清蜡；化学药剂清蜡等。

67. 电动潜油泵井产量逐渐下降的原因有哪些？

油层供液不足；油管漏失；机组磨损，扬程降低；机组吸入口有堵塞现象；气体影响等。

68. 电动潜油泵井机组运行时电流偏高的原因有哪些？

（1）机组安装在弯曲井眼的弯曲处；（2）机组安装卡死在封隔器上；（3）电压过高或过低；（4）排量大时泵倒转；（5）泵的级数过多；（6）井液黏度过大或密度过大；（7）有泥砂或其他杂质。

69. 电动潜油泵井日常管理中应注意哪些问题？

（1）欠载停机后，要观察分析液面变化情况及原因，如供液是否不足、欠载值是否合理、油嘴是否过大，并采取相应措施；（2）过载停机后，绝不允许二次启动，应请专业电工查找故障原因；（3）清蜡时要防止砸坏泄油阀；（4）待作业井禁止套管生产，防止套管结蜡严重，卡死机组；（5）电流卡片上要随时填写井号、日期、停机原因。

70. 电动潜油泵井油嘴调整的原则是什么？

油压大于回压 0.3MPa 的井，可以适当采取放大油嘴措施；沉没度低于 200m，且发生因供液不足造成欠载停机的井，可以适当采取缩小油嘴措施；无论是放大或缩小油嘴，对于存在气体影响的井，均应加强定压放气管理，调整后应及时上报措施效果。

71. 电动潜油泵井阴雨天为什么容易发生停机现象？

阴雨天空气潮湿，泵、电缆、控制柜容易产生放电，出现保护停机现象。所以，阴雨天电动潜油泵停机后，不要马上启泵，应请电工排除故障后再启泵。

72. 电动潜油泵井故障停机后，为什么不允许二次启动？

故障停机一定有故障点，如在未排除故障之前启动，故障将会扩大，使设备或机组损坏严重。如电源缺相启泵，会导致启动电流超出额定电流的 10 多倍，很容易烧坏机组，所以故障停机后绝对不允许二次启动。

73. 频繁启停电动潜油泵井，对电动机有什么影响？

电动潜油泵电动机内腔通过保护器与井液相连通，每启停电动潜油泵一次，保护器完成一次呼吸过程。由于保护器内腔与井液连通，每呼吸一次井液就要进入保护器一部分，频繁启停泵会造成保护器失效，而使井液进入电动机，破坏电动机绝缘。已经运行几年的电动潜油泵，不能承受大电流和过电压的冲击，所以要尽量避免不必要的停机。

74. 电动潜油泵井记录仪电流与实际电流不符的原因有哪些?

（1）记录仪本身误差太大；（2）笔尖连杆松动、移位；（3）互感器变比不正确或有短路现象。

75. 电动潜油泵井机组无故障而启泵就停的原因有哪些?

（1）中心控制器损坏；（2）过载值和欠载值调整相反；（3）制动电压太低；（4）电压严重不平衡；（5）单相运转；（6）地面流程不通。

76. 螺杆泵采油系统由几部分组成?

螺杆泵采油系统由电控部分、地面驱动部分、井下螺杆泵、配套工具组成。

77. 螺杆泵的工作原理是什么?

地面驱动装置驱动光杆转动，通过抽油杆将旋转运动和动力传递给井下转子，使其转动。定子和转子密切配合形成一系列的封闭腔和空腔。当转子转动时，封闭腔沿轴向由吸入端向排出端运移，在排出端消失；同时吸入端形成新的封闭腔，其中空腔内所盛满的液体也就随着封闭腔的运移由吸入端推挤到排出端。封闭腔和空腔的不断形成、运移、消失，泵送液体并将液体排出井口。

78. 螺杆泵型号（KGLB500－20）中各符号的含义是什么?

K 表示空心转子；GLB 表示杆传动螺杆泵；500 表示理论排量为 500mL/r；20 表示泵的总级数是 20 级。

79. 螺杆泵为什么要研制专用抽油杆?

由于在螺杆泵采油井中，抽油杆除了承受轴向拉力之外，还承受轴向的扭矩作用，其受力状态比在抽油机井中差，与在抽油机井中相比，更容易发生杆体断裂、脱扣、撸扣等故障。因此，需要研制专用抽油杆，通过采用新的结构，改善抽油杆的受力状况，提高杆柱的可靠性。

80. 螺杆泵专用井口的作用是什么？

简化了采油树，使用、维修、保养方便，同时增强了井口强度，减小了地面驱动装置的振动，起到保护光杆和换密封填料时密封井口的作用。

81. 螺杆泵减速箱的作用是什么？

传递动力并实现一级减速。它将电动机的动力由输入轴通过齿轮传递到输出轴，输出轴连接光杆，由光杆通过抽油杆将动力传递到井下螺杆泵转子。减速箱除了具有传递动力的作用外，还将抽油杆的轴向负荷传递到采油树上。

82. 螺杆泵驱动装置的安全防护措施有哪些？

有皮带防护罩、光杆防护罩、防反转装置、安全标识等，防止螺杆泵驱动装置零部件破损、松脱、损坏，造成人员伤害及设备损坏。

83. 螺杆泵机械防反转装置有几种类型？

（1）摩擦式防反转装置；（2）棘轮、棘爪式防反转装置；（3）电磁式防反转装置；（4）降压制动防反转装置；（5）井下回流控制阀。

84. 螺杆泵机械防反转装置的原理是什么？

在驱动头装置安装防反转装置，使抽油杆不能反转，从而达到防止因抽油杆反转而造成脱扣的目的。该装置采用定向棘轮与棘爪，外壳体上安装刹车带，在离心力的作用下，棘爪脱离棘轮驱动头装置正常运行，停机时棘爪与棘轮啮合，防止驱动装置反转，使抽油杆只能做单向转动。

85. 螺杆泵机械防反转装置的作用是什么?

可释放扭矩，棘轮、棘爪防反转，保证了螺杆泵驱动装置停机后不会高速反转，而且能够释放储存在光杆及装置上的反转扭矩。现场可以随时更换，提高了设备的安全防护性能，确保人身安全。

86. 螺杆泵直驱系统的优点是什么?

直驱系统不存在皮带轮一级减速、齿轮箱二级减速等机械装置，而是采用永磁直流电动机直接驱动井下螺杆泵。系统内没有能量损耗，提高了系统效率。直驱电动机功率因数较高，转子无交变磁通，没有铜耗和铁耗，与普通装置比装机功率低 10% ~ 30% 左右，达到高效节能目的。

87. 螺杆泵为什么具有抗偏磨功能?

由于结构特点，螺杆泵工作时抽油杆柱带动转子旋转抽吸井液，杆柱受力均衡。虽然也会产生弯曲，但通过扶正，基本可以消除偏磨油管的现象，而且对油管的磨损不会由于采出液具有黏弹性而显著增加，同时因螺杆泵输送液体流速稳定，使螺杆泵具有抗偏磨的功能。

88. 螺杆泵理论排量的计算公式是什么?

螺杆泵的理论排量由螺杆泵的外径、转子偏心距、定子导程及其转速决定。其计算公式如下:

$$Q = 5760eDTn$$

式中　　e——转子的偏心距，m;

　　　　D——转子的截面圆直径，m;

　　　　T——定子的导程，m;

　　　　n——转子的转速，min^{-1};

Q——螺杆泵的理论排量，m^3/d。

89. 影响螺杆泵井产液量的因素有哪些？

（1）黏度的影响；（2）供液不足的影响；（3）气体的影响；（4）砂粒的影响；（5）设备磨损的影响。

90. 在日常管理维护上，影响螺杆泵使用寿命的主要因素有哪些？

（1）定子、转子的加工精度及表面粗糙度；（2）定子橡胶与金属外套的粘接强度；（3）定子橡胶的耐热、耐油、耐气浸、耐磨等性能；（4）定子、转子合理过盈量的选择；（5）螺杆泵合理转速的确定。

91. 螺杆泵采油系统和其他人工举升方式相比较有哪些优点？

（1）一次性投资少。与电动潜油泵、水力活塞泵和游梁式、链条式抽油机相比较，螺杆泵结构简单，一次性投资最低。（2）泵效高，节能效果好，维护费用低。螺杆泵工作时负载稳定，机械损失小，泵效可达90%，是现有机械采油设备中能耗最小、效率最高的机种之一。（3）占地面积小。螺杆泵的地面装置简单，安装方便。（4）适合稠油开采。一般来说，螺杆泵适合黏度为8000mPa·s以下的原油开采，因此多数稠油井都可应用。（5）适应高含砂井。理论上螺杆泵可输送含砂量达80%的砂浆，在原油中含砂量达40%的情况下也可正常生产（砂埋情况除外）。（6）适应高含气井。螺杆泵不会发生气锁，因此较适合于油气混输，但井下泵入口的游离气会影响容积效率。（7）适合于海上油田丛式井组和水平井。螺杆泵可下在斜直井段，设备占地面积小，适合于海上采油。

92. 在生产管理操作上，螺杆泵井与抽油机井、电动潜油泵井的相同之处和自身特点各有哪些？

（1）启动运行方式：与抽油机井、电动潜油泵井相同。（2）动力传递：与抽油机井相同，减速增加扭矩、通过抽油杆传递动力带动泵。（3）载荷保护：与电动潜油泵井相似，在控制屏上均有过欠载保护设置功能。（4）在泵况验证方面：与抽油机井、电动潜油泵井基本相同，可采用憋压方式来进行。（5）热洗、清蜡、掺水：与抽油机井、电动潜油泵井相同。（6）特殊的是螺杆泵井有特殊井口装置（采油树）。

93. 螺杆泵井热洗质量的评价指标是什么？

螺杆泵井热洗质量评价指标有三项：产液量增加；有功功率下降；沉没度下降。其中两项达到要求即为热洗合格。

94. 螺杆泵常见故障有哪些？

地面故障包括井口漏油（密封失效）、减速箱故障、电动机故障和电控箱故障等；井下故障包括油管故障、抽油杆故障和井下泵故障等。相比之下，地面故障比较容易判断，井下故障则需要通过多项特征参数综合测试分析确定。

95. 螺杆泵抽油杆柱断脱的井口现象是什么？

井口无产量，油压不上升，工作电流接近空载电流。

96. 螺杆泵造成抽油杆柱脱扣的主要原因是什么？

（1）负载扭矩过大；（2）停机后油管内液体回流；（3）防反转机构失灵，停机时在杆柱存储扭矩的作用下，杆柱高速反转造成脱扣；（4）油套管环形空间内的液柱作用；（5）作业施工质量差；（6）对于自喷能力较强的螺杆泵井，一旦停机，井底流压不断升高，甚至可能推动转子转动实现自喷生产，此时也可能发生脱扣。

97. 螺杆泵造成抽油杆柱断裂的主要原因是什么?

（1）杆柱设计强度不合理；（2）油井发生蜡堵；（3）井下泵定子、转子溶胀抱死；（4）井中异物造成卡泵；（5）杆体质量未达到标准或使用中造成杆体缺陷等；（6）抽油杆扶正器设置不合理，造成杆、管摩擦，以至抽油杆磨断。

98. 螺杆泵出现泵抽空现象有何危害?

当螺杆泵井的动液面接近泵吸入口，流经泵内的液体很少时，定子、转子发生干磨，摩擦产生的热量无法及时散失，会导致定子温度急剧上升，定子橡胶的型线破坏，造成泵失效。

99. 如何避免螺杆泵抽空现象?

因为泵在干磨时很短时间内就会烧毁定子，所以必须避免泵抽空情况的发生。避免泵抽空应做到以下几点：（1）试运行期间，螺杆泵井的工作参数应适当低于产能设计要求，并连续测量动液面，待稳定后，再根据动液面情况进行调参；（2）必须坚持定期测量动液面，保证泵的合理沉没度；（3）每次提高转速后，应连续测量动液面，待稳定后再恢复正常测试周期；（4）安装防抽空保护器。

100. 注水井封隔器的作用是什么?

用来封隔油层，与各种配水器配套使用，实现分层配注、分层测试、分层作业和保护油层上部套管。

101. 判断注水井封隔器失效的标准有哪些?

（1）根据验封资料判断是否失效（2次以上）；（2）根据同位素测井判断停注层是否吸水，若吸水则不密封；（3）起出封隔器进行打压，检查连接部位及密封件是否漏失。

102. 注水井偏心配水器由几部分组成?

注水井偏心配水器是一种活动式分层配水工具,主要由工作筒和堵塞器两大部分组成,配水嘴装在堵塞器上,可以用投捞器打捞任意一级堵塞器并进行更换。

103. 注水井偏心配水器的作用是什么?

便于测试各层段配水量的完成情况。对完不成配注方案的层段,可以任意检查、更换水嘴,以达到完成配注方案要求,提高注水井合格率。

104. 注水井配水嘴的作用是什么?

节流水压、控制水量、定量注水。

105. 注水井在什么情况下采用笼统注水?

(1)各层段层间矛盾小,各小层吸水能力相近;(2)井下技术状况变差,不能下入分层管柱;(3)单层注水井。

106. 注水井出现什么情况时需要重配或调整?

当注水井管柱失效或有问题时需重配。当注水井出现下列情况需要调整:(1)注采不平衡,油层压力急剧下降或急剧上升;(2)连通油井中出现新的见水层位或全井含水上升速度快;(3)层段性质改变;(4)原方案划分的层段或确定的水量不合理;(5)油井采取增产措施。

107. 地面注水系统由什么组成?

从水源到注水井,地面注水系统通常包括水源泵站、水处理站、注水站、配水间和注水井。

108. 注水井井口装置主要由哪些部件组成?

注水井井口装置一般采用 CY250 型采油树。主要由套管四通、套管闸阀、油管四通、生产闸阀、放空闸阀、总闸阀、测试闸阀、油压表、套压表、油管挂顶丝、卡箍、法兰等零部件组成。

109. 注水井配水间流程分为哪几类？

配水间分为多井配水间和单井配水间。单井配水间适用于行列注水井网，其只控制和调节一口井的注水量，配水间与井口在同一井场，管损小，控制注水量或测试调控准确。多井配水间适用于面积注水井网，其可控制和调节两口井以上的注水量，调控水量方便，但管损较大，测试调整不方便，而且井口必须装有油压表。

110. 注水井在什么情况下要冲洗地面管线？

（1）新投注或长期停注又开始使用的注水管线；（2）注水井井口取样后，水质不符合标准；（3）注水站误将不合格水排入注水管线。

111. 注水井洗井的目的是什么？

清洁注水井井底和井筒，把井底和井筒内的腐蚀物、杂质等沉淀物冲洗出来，防止脏物堵塞水嘴和油层，保证注入水注入畅通无阻。

112. 注水井什么情况下需要洗井？

（1）正常注水并达到洗井周期的井要进行洗井。（2）正常注水井停注超过24h（目前油田标准为15d）以上的井要进行洗井。（3）新投注的井或动井下管柱的井要进行洗井。（4）注入大量不合格水的井要进行洗井。（5）地层吸水能力明显下降的井要进行洗井。

113. 注水井洗井有哪两种方式？

注水井洗井方式分为正洗和反洗两种。洗井液从油管进入，从油套管环形空间返出的洗井方式称为正洗井。洗井液从油套管环形空间进入，从油管返出的洗井方式称为反洗井。

114. 注水井分层测试的目的和作用是什么？

注水井分层测试是通过测试来了解分层注水量，从而确定层段的吸水能力，合理对层段配水，使得纵向上吸水剖面相对均衡，最大限度发挥各类油层的作用，达到最佳驱油开采效果。

115. 注水井测定启动压力的方法是什么？

用降压法测定注水井启动压力。当用流量计测定时，测出流量计瞬时流量归零时的压力；当用水表测定时，测出水表指针不走时的压力。

116. 注水井什么情况下需要测注水指示曲线？

（1）新转注井在转注后3天内测一次，当年内每月测一次；（2）正常注水井每季度测一次；（3）注水误差超过±20%，吸水发生变化，应随时测吸水指示曲线；（4）套损区内正常注水井每月监测一次；（5）井下技术状况有问题的注水井每月测一次。

117. 注水井注够水、注好水的标准是什么？

注够水指在注水压力等条件正常的情况下，首先要完成配注计划，其次注够水，即实际注水量不超过配注方案的±10%；注好水指在注够水的基础上，尽量提高分层注水合格率，即高质量地注水。

118. 注水井管理要把好的"两个关"，要做到的"三个及时"、"五个了解"是什么？

"两个关"：把好注入水质关；把好平稳操作、平稳注水关。"三个及时"：及时取全取准资料；及时分析；及时调整。"五个了解"：了解注水井工艺流程；了解注水井井下管柱情况；了解注水井保护封隔器的工作原理和性能；了解保护封隔器不密封的危害；了解注水井井况异常的特点。

119. 注水井管理要做到的"四个提高"、"四不放过"是什么？

"四个提高"：提高测试质量；提高注水合格率；提高封隔器使用寿命；提高施工作业水平。"四不放过"：对注水量变化大而原因不清不放过；对注水压力突然变化不放过；对套压变化不放过；对注水井异常响声不放过。

120. 注水井管理要做到的"三定、三率、一平衡"是什么？

三定：定性、定压、定量。定性：指注水井是平衡井还是加强井，注水层位是加强层、平衡层还是控制层；定压：根据分层测试结果确定注水压力范围，并在单井上定出注水的上、下限压力点，每一压力点对应相应的注水量；定量：根据注水井配水方案、分层测试的结果，确定注水量的范围。三率：指分层注水井的测试率、测试合格率、分层注水合格率。一平衡：指以阶段注水为基础的年度地下注采平衡。

121. 三次采油的主要技术有哪些？

有热力采油技术、气体混相驱采油技术、化学驱采油技术和其他采油技术。其他采油技术主要包括微生物驱油、超声波法驱油、电磁法驱油等。

122. 如何防止聚合物溶液产生机械降解？

聚合物机械降解是指聚合物溶液在机械力的剪切或拉伸作用下产生的降解，经常发生的是剪切降解。为防止产生机械降解，应：（1）在选择溶液输送设备上，要选用低剪切螺杆泵；（2）调整控制分散罐、熟化罐、存储搅拌机的转速；（3）工艺安装上尽量避免大小头、直角过度等局部节流，阀门最好选用直通阀。

123. 如何防止聚合物溶液产生化学降解？

聚合物化学降解是指在化学因素作用下，发生氧化还原反应或水解反应，使分子链断裂或改变聚合物结构，导致聚合物相对分子质量降低和溶液黏度损失的一个过程。为防止产生化学降解，与溶液接触部位均采用密封方式密封，使聚合物溶液不与空气接触。预防铁的存在，对储罐和注入管线做好防护，储罐采用玻璃纤维罐、塑料涂层、不锈钢注入管线。

124. 适合聚合物驱油油藏的基本条件是什么？

（1）油层温度：聚合物注入油层后，在高温条件下会发生降解和进一步水解，甚至可能产生絮凝，严重伤害油层。最适合聚合物驱油的油层温度为 45～70℃。（2）水质：油藏地层水和油田注入水矿化度的高低，对聚合物的黏度效果影响极大。最适合聚合物驱油的地层水矿化度为 1603～30435mg/L，其中二价阳离子含量为 7～738mg/L。（3）原油黏度：原油黏度为 10～100mPa·s 时，聚合物驱油采收率提高幅度较大。（4）油层非均质性：一般来说，聚合物驱油适合于水驱开发的非均质砂岩油田。

125. 聚合物驱油分为哪几个阶段？

（1）水驱空白阶段；（2）聚合物注入阶段；（3）后续水驱阶段。

126. 注聚合物对注入井的最高注入压力有什么要求？

聚合物注入井在注聚合物过程中，注入聚合物溶液的最高压力不应超过油层的破裂压力。

127. 聚合物驱油能使原油产量提高的原因是什么？

聚合物溶液注入油层后，增加了注入水的黏度，控制了注入层段中的水、油流度比，增加了油层的渗流阻力，较好地扩大了油层的波及体积，增加了油层可采储量，最终提高油井产量，提高油藏的采收率。

128. 聚合物驱油后的动态变化特点是什么？

（1）注入聚合物后，注入能力下降，注入压力上升；（2）油井含水大幅度下降，产油量明显增加，产液能力下降；（3）采出液含聚合物浓度逐渐增加；（4）改善了吸水、产液剖面，增加了吸水及新的出油厚度；（5）聚合物驱油见效的时间与聚合物突破时间存在一定的差距；（6）油井见效后，含水下降到最低点时的稳定时间不同。

129. 聚合物对抽油机井生产有哪些影响？

随着采出液中聚合物浓度的增大，抽油机的负荷增大，载荷利用率增加；示功图明显肥大，泵效降低；杆管偏磨严重，检泵周期缩短。

130. 计量间流程由哪几部分组成？

由集油流程、单井油气计量流程、掺水流程、热洗流程组成。

131. 计量间常用计量分离器主要有哪几种类型？其技术规范参数是什么？

计量间常用两种类型的计量分离器：立式计量分离器、立卧结合（复合）式计量分离器。计量分离器技术规范参数主要有设计压力（MPa）、工作压力（MPa）、最大流量（m^3/d）、分离器直径（mm）、适用量油高度（cm）、测气能力（m^3/d）。

132. 计量间油气分离器（计量间立、卧结合式油气分离器）的工作原理是什么？

当油、气、水混合物从进口进入分离器后，喷到隔板上散开，因扩散作用，使溶于油中的天然气分离出来；油靠自重下落从隔板下部弓形缺口通过，气体由隔板上半部的许多小孔通过，进入分离箱，携带有小油滴的天然气在分离箱内多次改变流动方向，小油滴被凝结下落；分离器下部的油、水经排油阀排出分离器；经分离后较纯净的天然气从气出口排出。

133. 计量间立式、卧式分离器的主要特点是什么？

立式分离器便于控制液面，易于清洗泥沙等脏物，但处理气量较卧式分离器小；卧式分离器处理气量较大，但液面控制困难，不易清洗泥沙等脏物。

134. 计量间分离器为什么需要进行冲砂？

生产一段时间后，地层出砂以及施工中脏物进入管线，量油时又进入分离器，并沉积在底部，造成量油液面上升缓慢、计量不准，不能真实反映油井产量，因此需要对分离器进行冲砂。

135. 计量间玻璃管量油的原理是什么？

玻璃管量油是根据连通管平衡的原理，采用定容积计算的方法。因为分离器内液柱压力与玻璃管内的水压力相平衡，所以分离器液柱上升到一定高度，玻璃管内水柱相应上升一定高度。在计量时记录水柱上升高度所需时间，根据分离器规格相对应的常数计算出单井产液量。

二、HSE 知识

1. 采油工岗位员工的安全责任是什么？

（1）掌握本岗位存在的危险因素和防范措施。（2）严格执行安全生产规章制度和岗位操作规程，遵守劳动纪律。（3）熟练掌握岗位安全操作技能和故障排除方法，按规定巡回检查，及时发现和排除隐患，自己不能处理的问题要及时上报。（4）有权制止、纠正他人的不安全行为，有权拒绝执行违章作业的指令并可越级汇报。（5）上岗时应按规定穿戴劳动保护用品，服装要达到"三紧"，正确维护和保养安全防护装置及设施，保持其完好，齐全、灵活有效。（6）积极参加各项安全生产活动，学习掌握消防设备的使用，在生产工作中应同班组其他成员一起协同配合，搞好安全生产。

2. 安全用电的注意事项有哪些？

（1）手潮湿（有水或出汗）不能接触带电设备和电源线。（2）各种电器设备，如电动机、启动器、变压器等金属外壳必须有接地线。（3）电路开关一定要安装在火线上。（4）在接、换熔断丝时，应切断电源。熔断丝要根据电路中的电流大小选用，不能用其他金属代替熔断丝。（5）正确地选用电线，根据电流的大小确定导线的规格及型号。（6）人体不要直接与通电设备接触，应用装有绝缘柄的工具（绝缘手柄的夹钳等）操作电器设备。（7）电器设备发生火灾时，应立即切断电源，并用二氧化碳灭火器灭火，切不可用水或泡沫灭火器灭火。（8）高大建筑物必须安装避雷器，如发现温升过高，绝缘下降时，应及时查明原因，消除故障。（9）发现架空电线破断、落地时，人员要离开电线地点 8m 以外，要有专人看守，并迅速组织抢修。

3. 低压试电笔验电时的注意事项有哪些？

使用低压试电笔验电应注意以下事项：（1）使用以前，

先检查试电笔内部有无柱形电阻（特别是新领来的或长期未使用的试电笔更应检查），若无电阻，严禁使用。(2) 一般用右手握住电笔，左手背在背后或插在衣裤口袋中。(3) 人体的任何部位切勿触及与笔尖相连的金属部分。(4) 防止笔尖同时搭在两线上。(5) 验电前，先将试电笔在确实有电处试测，只有氖管发光才可使用。(6) 在明亮光线下不容易看清氖管是否发光，应注意避光。

4. 计量间为什么要安装防爆灯？

当计量间的油阀组或分离器发生泄漏时，会造成室内空气中具有一定浓度的可燃气体。为了防止因开关灯时、灯泡破裂、放电式打火等原因引起着火或爆炸事故的发生，所以计量间必须安装防爆灯。

5. 计量间内部操作为什么要注意通风？

防止容器、管线泄漏出的气体浓度过大，对人体造成伤害和发生爆炸事故。

6. 计量间油气泄漏如何处理？

(1) 将人员疏散到安全区域。(2) 打开计量间门窗通风。(3) 检查计量间内流程、设备，查找漏点。(4) 组织维修人员进行抢修。

7. 计量间安全阀校验有什么要求？

安全阀定期校验每年至少一次，对于超压未爆破的爆破片应立即更换。

8. 防止油井（计量间）发生火灾的措施有哪些？

防止油井（计量间）发生火灾的措施有：(1) 严格执行动火规定，办理动火手续，有安全措施。(2) 杜绝管线、容器漏气，室内要有通风孔。（3）油井、计量间要达到"三清、四无、五不漏"。（4）电源线排列整齐、绝缘好，室内要用防爆灯、防爆开关。（5）井场、计量间内严禁吸烟和违章使用明火。

9. 扑救火灾的原则是什么?

（1）报警早，损失少；（2）边报警，边扑救；（3）先控制，后灭火；（4）先救人，后救物；（5）防中毒，防窒息；（6）听指挥，莫惊慌。

10. 油、气、电着火如何处理?

（1）切断油、气、电源，放掉容器内压力，隔离或搬走易燃物。（2）刚起火或小面积着火，在人身安全得到保证的情况下要迅速灭火，可用灭火器、湿毛毡、棉衣等灭火，若不能及时灭火，要控制火势，阻止火势向油、气方向蔓延。（3）大面积着火，或火势较猛，应立即报火警。（4）油池着火，勿用水灭火。（5）电器着火，在没切断电源时，只能用二氧化碳、干粉等灭火器灭火。

11. 压力容器泄漏、着火、爆炸的原因及消减措施是什么?

压力容器泄漏、着火、爆炸的原因：（1）压力容器有裂缝、穿孔现象。（2）窗口超压。（3）安全附件、工艺附件失灵或与容器结合处渗漏。（4）工艺流程切换失误。（5）容器周围有明火。（6）周围电路有阻值偏大或短路等故障发生。（7）雷击起火。（8）有违章操作（如使用非防爆手电，使用非防爆劳保服装等）现象。

消减措施：（1）压力容器应有使用登记和检验合格证。（2）加强管理，消除一切火种。（3）按压力容器操作规程进行操作。（4）对压力容器定期进行检查和检验并有检验报告。（5）工艺切换严格执行相关操作规程。（6）严格执行巡回检查制度。（7）做好防雷设施，定期测量接地电阻。（8）定期对安全附件进行校验和检查。

12. 抽油机电动机为什么要接地线？

电动机运转中会出现振动、摩擦和线路绝缘老化现象，时刻有电动机壳体带电的可能。接地线后，电动机外壳所带的电能从地线释放掉，人与电动机接触就不会发生触电事故。

13. 油井电动机接线盒为什么要做防水处理？

防止接线盒两个端面的结合处进水（雪）造成线路短路而烧毁电器，严重时会导致电动机或配电箱带电，对人员造成伤害。

14. 为什么检查电动机温度要先用手背接触电动机外壳？

检查电动机温度，一般都先用手背接触电动机外壳。因为一旦机体带电，手背接触以后，马上抽缩，手指握起来，就脱离了电动机，不致攥住带电体不放。

15. 发生人身触电应该怎么办？

（1）当发现有人触电时，应先断开电源。（2）在未切断电源时，为争取时间可用干燥的木棒、绝缘物拨开电线或站在干燥木板上或穿绝缘鞋用一只手去拉触电者，使之脱离电源，然后进行抢救。人在高处应防止脱电后落地摔伤。（3）触电后昏迷但仍有呼吸的伤者应抬到温暖、空气流通的地方休息，如呼吸困难或停止，应立即进行人工呼吸。

16. 登高作业的注意事项有哪些？

（1）五级以上大风、雪、雷雨等恶劣天气，禁止登高检查。（2）禁止攀登有积雪、积冰的梯子。（3）2m以上登高检查和作业时必须系安全带。

17. 高处坠落的消减措施有哪些？

（1）做好防腐工作并定期检查。（2）一次上梯人数不能超过三人。（3）冰雪天气操作前做好防滑措施，可采用砂子防滑。（4）在设备上操作时，应按规定佩戴安全带并选择合适位置。

18. 安全带通常使用期限为几年？几年抽检一次？

安全带通常使用期限为 3～5 年，发现异常应提前报废。一般安全带使用 2 年后，按批量购入情况应抽检一次。

19. 使用安全带的注意事项有哪些？

（1）安全带应高挂低用，注意防止摆动碰撞，使用 3m 以上的长绳时应加缓冲器，自锁钩用吊绳例外。（2）缓冲器、速差式装置和自锁钩可以串联使用。（3）不准将绳打结使用，也不准将钩直接挂在安全绳上使用，应挂在连接环上使用。（4）安全带上的各种部件不得任意拆卸，更换新绳时应注意加绳套。

20. 采油岗位发生机械伤害的原因及消减措施有哪些？

机械伤害的原因：（1）未正确穿戴劳保用品。（2）违章操作造成人身伤害。（3）转动部分无保护装置或保护装置不合格。（4）由于设备零部件松动，造成人身伤害。（5）无安全标志。

消减措施：（1）按要求正确使用劳保用品。（2）对职工进行岗位培训，加强员工自我保护意识。（3）完善设备的保护装置和安全设施。（4）加强机泵的维护保养，定期巡护检查。

第三部分 基本技能

一、操作技能

1. 填写油井班报表操作

准备工作：

（1）正确穿戴劳动保护用品。

（2）工用具、材料准备：油井基础数据，当日生产动态数据，计算器 1 个，油井班报表、白纸若干，记录纸，记录笔。

操作程序：

（1）填写表头内容：队别、计量间号、分离器直径、日期。

（2）填写井号、井别。

（3）填写生产时间，正常为24h，未全日生产时根据实际情况填写，并备注。

（4）填写油嘴规格。

（5）填写油压值、套压值、回压值。

（6）填写工作电流（电动潜油泵井还要填写工作电压）。

（7）填写掺水压力、掺水温度、回油温度。

（8）填写产液量：如当日不量油，生产无其他调整，则按照前日生产数据填写产液量；如当日量油，则应依次计算、填写以下数据：①量油井号、量油高度、三次量油时间及平均时间；②该井当日产液量；③如当日非全日生产，要根据生产情况相应扣产，并备注。

（9）填写当日的生产情况备注。

（10）检查，签名，提交班组长审核、签名。

（11）收拾工具、清理现场。

2. 取油井油样操作

准备工作：

（1）正确穿戴劳动保护用品。

（2）工用具、材料准备：取样桶1个，放空桶1个，200mm活动扳手或取样专用扳手1把，擦布若干。

操作程序：

（1）核实取样井号。

（2）检查井口流程正常，零部件及仪表齐全好用，设备无刺漏现象。

（3）关闭井口掺水阀门 10~15min。

（4）缓慢打开取样阀门，将死油放入放空桶内，见至新鲜油后关闭取样阀门。

（5）缓慢打开取样阀门，分三次取完油样，每次间隔 1~2min，取样至样桶的 1/2~2/3 之间，关闭取样阀门。

（6）盖严取样桶，擦净取样桶及井口取样部位。

（7）打开掺水阀门，冲管线，调整掺水阀至合适位置。

（8）收拾工具，清理现场。

操作安全提示：

（1）开关取样阀门缓慢平稳操作。

（2）取样后，及时调整掺水量，控制回油温度在合理范围内。

3. 巡回检查抽油机井操作

准备工作：

（1）正确穿戴劳动保护用品。

（2）工用具、材料准备："F"形扳手1把，300mm活动扳手1把，电流表1块，校验合格压力表1块，低压试电笔1支，绝缘手套1副，擦布若干，记录本，记录笔。

操作程序：

（1）检查井口各阀门开关是否处于正常位置，设备有无缺损、松动、渗漏现象。

（2）录取井口油压、套压，压力值要在压力表量程1/3～2/3之间，检查压力值是否在合理范围内。

（3）听井口有无刮、碰声音，判断出油声是否正常。

（4）冲洗掺水管线，控制回油温度在35～38℃之间（特殊井特殊对待）。

（5）检查并调整密封盒压帽松紧度，光杆应不发热、不漏气、不带油。

（6）检查悬绳器是否偏斜，钢丝绳有无拔脱、断丝现象。

（7）检查驴头、光杆对中情况是否合格，驴头销子有无窜出现象。

（8）检查各部轴承有无缺油、渗油现象，听运转声音是否正常。

（9）检查曲柄、曲柄销子、平衡块有无磨损、松动、刮碰现象。

（10）检查减速箱输入、输出轴、合箱缝有无漏油现象，油位是否在看窗的 1/3 ~ 2/3 之间，听运转声音是否正常。

（11）检查皮带轮有无破损、松动现象，四点一线是否符合要求，皮带松紧是否合适，有无打滑跳动现象。

（12）检查各连接部位固定螺丝有无松动现象，固定螺丝开口销或止退螺帽是否齐全完好。

（13）检查刹车是否灵活好用，刹车行程是否合理。

（14）检查电动机、配电箱等电器设备是否完好，接线是否牢固；检查电动机运转声音、温度是否正常，接线盒防雨措施是否完善。

（15）测取电流，检查抽油机平衡状况是否合格。

（16）检查抽油机基础有无振动，底盘基础垫铁是否紧固牢靠。

（17）检查井场是否平整，无油污、无杂草，埋地管线有无裸露、渗漏现象。

（18）收拾工具，清理现场。

操作安全提示：

（1）检查过程中人员与抽油机要保持安全距离（0.8m）。

（2）检查电动机温度时，用手背触摸电动机，电动机运行温度不超过 60℃。

（3）开启配电箱前，用试电笔在无漆部位验电。

（4）抽油机运转时，严禁攀爬检查、处理故障。

4. 启、停（游梁式）抽油机操作

准备工作：

（1）正确穿戴劳动保护用品。

（2）工用具、材料准备："F"形扳手 1 把，300mm 活动扳手 1 把，电流表 1 块，低压试电笔 1 支，绝缘手套 1 副，擦

布若干，记录纸，记录笔。

操作程序：

（1）启动前检查：

①检查井口流程正常，零部件及仪表齐全好用，设备无刺漏现象。

②检查驴头、光杆对中，光杆卡子牢固，悬绳器、毛辫子完好。

③检查四连杆机构、中尾轴、曲柄销及其他各部位螺丝紧固牢靠，轴承润滑良好。

④检查减速箱油位在看窗的 1/3～2/3 之间。

⑤检查皮带松紧合适，皮带轮四点一线。

⑥检查刹车机构灵活可靠，行程合理，无自锁现象。

⑦检查配电箱配件齐全，无漏电现象，配电箱、电动机接地完好。

⑧检查抽油机周围无障碍物。

（2）松刹车。

（3）盘皮带，检查无卡阻现象。

（4）合空气开关，点启抽油机。

（5）启动后检查：

①检查抽油机各连接部位无松动情况。

②听抽油机各运转部位无异常声音。

③检查、调整密封盒压帽松紧合适。

④测量上、下冲程电流。

（6）记录启机时间、油压、套压、电流值。

（7）调整掺水量。

（8）对配电箱验电，确认无漏电现象。

（9）待曲柄运行至需停位置，按停止按钮，刹紧刹车，

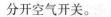

分开空气开关。

（10）检查井口流程正常，调整掺水量（需要关井时关闭井口回油阀门）。

（11）记录停机时间、油压、套压。

（12）收拾工具，清理现场。

操作安全提示：

（1）严禁戴手套盘皮带，严禁手抓皮带。

（2）严禁不分空气开关操作，分、合空气开关需戴绝缘手套侧身操作。

（3）禁止强制启动，应点启抽油机（按启动按钮，曲柄摆动，按停止按钮，待曲柄摆至与启动方向一致时，再次按启动按钮）。

（4）出砂井驴头停在上死点；油气比高、结蜡严重、稠油井驴头停在下死点；一般井驴头停在上冲程 1/3～1/2 之间。

（5）长期关井时，需进行扫线。

5. 更换抽油机井光杆密封圈操作

准备工作：

（1）正确穿戴劳动保护用品。

（2）工用具、材料准备：规格合适密封圈 3～5 个，"F"形扳手 1 把，200mm 一字形螺丝刀 1 把，自制铁丝挂钩 1 个，切割刀 1 把，低压试电笔 1 支，绝缘手套 1 副，黄油、擦布若干。

操作程序：

（1）对配电箱验电，确认无漏电现象。

（2）将抽油机驴头停在接近下死点便于操作位置，刹紧刹车，分开空气开关。

（3）对称关闭两侧胶皮阀门，保证光杆处于密封盒中心。

（4）缓慢卸松密封盒压帽，泄压，卸开压帽。

（5）撬起格兰，将其与密封盒压帽一起固定在悬绳器上。

（6）逆时针方向取出旧密封圈。

（7）顺时针方向切割新密封圈，切口平直成 30°～45°角，均匀涂抹黄油。

（8）顺时针方向加入新密封圈，密封圈对正压平，上下两层切口错开 120°～180°角。

（9）取下密封盒格兰、压帽，对正坐好格兰，紧密封盒压帽，取下挂钩。

（10）缓慢开一侧胶皮阀门试压，不渗不漏后，将两侧胶皮阀门开至最大后返回半圈。

（11）检查确认抽油机周围无障碍物，松刹车，合空气开关，启机。

（12）检查并调整密封盒压帽松紧度。

（13）收拾工具，清理现场。

操作安全提示：

（1）严禁不分空气开关操作，分、合空气开关需戴绝缘手套侧身操作。

（2）严禁未关胶皮阀门操作。

（3）缓慢卸松密封盒压帽，待压力泄净后，方可进行下步操作。

（4）压帽、格兰在悬绳器上固定牢靠。

（5）更换过程中严禁手握光杆、手握密封盒螺纹操作。

6. 更换抽油机井电动机皮带操作

准备工作：

（1）正确穿戴劳动保护用品。

（2）工用具、材料准备：规格型号相同的皮带 1 组，30～32mm 梅花扳手 1 把，300mm 活动扳手 1 把，200mm 一字形螺丝刀 1 把或自制合适铁棍 1 根，1000mm 撬杠 1 根，低压试电笔 1 支，绝缘手套 1 副，黄油、擦布若干。

操作程序：

（1）对配电箱验电，确认无漏电现象。

（2）将抽油机驴头停在上死点，刹紧刹车，分开空气开关，松开刹车。

（3）卸松电动机滑轨前、后顶丝。

（4）卸松电动机滑轨固定螺丝。

（5）用撬杠向前移动电动机。

（6）先卸电动机轮皮带，再卸减速箱皮带轮皮带。

（7）先装减速箱皮带轮皮带，再装电动机轮皮带。

（8）用撬杠向后移动电动机。

（9）紧固电动机滑轨顶丝，检查并调整皮带松紧度。

（10）检查并调整皮带轮"四点一线"。

（11）对角紧固电动机滑轨固定螺丝。

（12）检查确认抽油机周围无障碍物，合空气开关，启机。

（13）检查抽油机皮带运转正常。

（14）收拾工具，清理现场。

操作安全提示：

（1）严禁不分空气开关操作，分、合空气开关需戴绝缘手套侧身操作。

（2）松刹车待平衡块停止摆动后，方可进行下步操作。

（3）严禁戴手套安装皮带，严禁手抓皮带。

（4）上、下平台平稳操作。

7. 热洗抽油机井操作

准备工作：

（1）正确穿戴劳动保护用品。

（2）工用具、材料准备："F"形扳手1把，电流表1块，低压试电笔1支，绝缘手套1副，擦布若干，记录纸，记录笔。

（3）确认计量间流程及中转站热洗条件能够满足热洗要求。

操作程序：

（1）检查井口流程正常，零部件及仪表齐全好用，设备无刺漏现象。

（2）录取并记录油压、套压，套压值需低于热洗压力0.3~0.5MPa。

（3）测量并记录抽油机上、下冲程电流值。

（4）打开井口直通阀门，冲洗地面管线，关闭井口掺水阀。

（5）待地面循环畅通，井口温度达到洗井要求温度时，关闭井口直通阀门和套管放气阀。

（6）打开热洗阀门，根据洗井质量标准控制排量（压力）、温度、热洗时间。

（7）观察热洗出口回油温度在60℃以上，测量抽油机上、下冲程电流，录取套压。

（8）初步判断洗井质量合格后，与中转站联系停泵。

（9）关闭热洗阀门，打开套管放气阀。

（10）打开掺水阀，调节掺水量。

（11）收拾工具，清理现场。

操作安全提示：

（1）洗井初期进水量过大，蜡块化落堆积易造成卡杆。

（2）热洗过程中，停机（停电或突发故障）蜡块堆积易造成卡泵。

（3）洗井不通时，上提活塞出泵筒，停机洗井。

（4）使用"F"形扳手时开口向外，开关阀门侧身操作，严禁手臂超过丝杠。

8. 憋压抽油机井操作

准备工作：

（1）正确穿戴劳动保护用品。

（2）工用具、材料准备："F"形扳手1把，200mm活动扳手1把，4.0MPa校验合格的压力表1块，秒表1块，生料带1卷，绝缘手套1副，低压试电笔1支，绘图工具1套，米格纸1张，擦布若干，记录纸，记录笔。

操作程序：

（1）检查井口流程正常，零部件及仪表齐全好用，设备无刺漏现象。

（2）更换压力表。

（3）关闭掺水阀。

（4）关回压阀门，观察压力值，记录压力随时间的变化值。

（5）当油压上升至3.0MPa左右，停机，刹紧刹车，分开空气开关。

（6）观察压降10～15min，每间隔1min记1次压力数值。

（7）打开回压阀门。

（8）待压力下降稳定后，关闭回压阀门，观察油井是否有自喷能力。

（9）打开回压阀门，打开掺水阀。

（10）检查确认抽油机周围无障碍物，松刹车，合空气开关，启机。

（11）调节掺水量。

（12）换回原压力表。

（13）绘制抽压曲线：

①在米格纸正上方中间位置填写图头：×××抽油机井抽压曲线。

②确定好绘图布局，画坐标轴。

③纵坐标：注明压力及单位（MPa），在坐标轴上均匀标明各点压力值。

④横坐标：注明时间及单位（min），在坐标轴上均匀标明各点时间值。

⑤根据压力与时间对应数值，在图纸上依次标点。

⑥连接各点，所得曲线为该井抽压曲线。

⑦在曲线右上角注明抽压情况（原油压值、抽压次数、停抽时最高压力值等）。

（14）收拾工具，清理现场。

操作安全提示：

（1）关闭控制阀门后，方可卸压力表；卸表过程中注意泄压；装卸压力表，严禁手扳表头。

（2）使用"F"形扳手时开口向外，开关阀门侧身操作，严禁手臂超过丝杠。

（3）憋压过程中，压力值禁止超过3.5MPa。

（4）严禁不分空气开关操作，分、合空气开关需戴绝缘手套侧身操作。

9. 调整抽油机井防冲距操作

准备工作：

（1）正确穿戴劳动保护用品。

（2）工用具、材料准备：375mm活动扳手1把，36mm套筒扳手1把（加力杠1根），规格合适光杆卡子1副，2m钢卷尺 1 把，300mm 平锉刀 1 把，低压试电笔 1 支，绝缘手套 1 副，记号笔 1 支，砂纸 1 张，擦布若干。

操作程序：

（1）根据实际情况确定要调的防冲距数值（以上调为例）。

（2）对配电箱验电，确认无漏电现象。

（3）将抽油机驴头停在接近下死点位置，刹紧刹车，分开空气开关。

（4）在密封盒上方打紧光杆卡子。

（5）松刹车，合空气开关，启机，卸掉负荷，停机，刹紧刹车，分开空气开关。

（6）测量调整距离，将预调位置清除污垢，做好标记。

（7）卸松方卡子，将其下落至标记位置并紧固。

（8）松刹车，使驴头吃上负荷，刹紧刹车。

（9）卸掉密封盒上方的光杆卡子。

（10）清除光杆表面毛刺。

（11）检查确认抽油机周围无障碍物，松刹车，合空气开关，启机。

（12）检查调整效果，应不刮不碰。

（13）收拾工具，清理现场。

操作安全提示：

（1）操作人员相互协调配合，并做好安全监护。

（2）严禁不分空气开关操作，分、合空气开关需戴绝缘手套侧身操作。

（3）操作时严禁手抓光杆。

（4）卡子必须打紧。

（5）抽油机加载、卸载时要平稳操作。

10. 调整（游梁式）抽油机井曲柄平衡操作

准备工作：

（1）正确穿戴劳动保护用品。

（2）工用具、材料准备：平衡块固定螺丝专用固定扳手1把，锁块螺丝套筒扳手一把，375mm活动扳手1把，3.75kg大锤1把，专用摇把1把，300mm钢板尺1把，电流表1块，低压试电笔1支，绝缘手套一副，计算器1个，石笔1支，黄油、擦布若干，砂纸1张，记录纸，记录笔。

操作程序：

（1）测量上、下冲程电流值，判断调整方向，计算平衡率、预调整距离。

$$平衡率 = \frac{下电流}{上电流} \times 100\%，85\% \leqslant 平衡率标准 \leqslant 100\%，$$

调整距离 = ｜100 - 平衡率｜

（2）对配电箱验电，确认无漏电现象。

（3）将抽油机曲柄停在水平位置，刹紧刹车，分开空气开关。

（4）清理干净预调整方向曲柄平面，画出预调整距离。

（5）卸掉锁块固定螺栓，摘下锁块。

（6）卸松平衡块固定螺栓备帽、固定螺栓。

（7）将平衡块移动到预定位置。

（8）安装锁块，上紧锁块固定螺栓。

（9）上紧平衡块固定螺栓、备帽。

（10）检查确认抽油机周围无障碍物，松刹车，合空气开关，启机。

（11）检查平衡块紧固情况，无刮碰、无松动现象。

（12）待运转正常后，测电流，计算平衡率，检查调整效

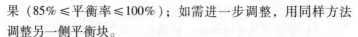

果（85%≤平衡率≤100%）；如需进一步调整，用同样方法调整另一侧平衡块。

（13）收拾工具，清理现场。

操作安全提示：

（1）操作人员相互协调配合，并做好安全监护。

（2）严禁不分空气开关操作，分、合空气开关需戴绝缘手套侧身操作。

（3）停抽时曲柄与水平位置的夹角不得超过±5°。

（4）平衡块前进方向严禁站人。

（5）高空平稳操作。

（6）严禁戴手套使用大锤。

（7）依照由低至高顺序松平衡块固定螺丝，由高至低顺序紧平衡块固定螺丝。

（8）锁块与曲柄要紧密咬合。

11. 调整抽油机井冲次操作

准备工作：

（1）正确穿戴劳动保护用品。

（2）工用具、材料准备：预调整的皮带轮1个，轴键子1个，拔轮器及专用套筒1套，450mm管钳1把，300mm、375mm活动扳手各1把，30～32mm梅花扳手1把，200mm一字形螺丝刀1把或自制合适铁棍1根，3.75kg大锤1把，1000mm撬杠1根，铜棒1根，0～150mm游标卡尺1把，电流表1块，绝缘手套1副，低压试电笔1支，砂纸、黄油、擦布若干。

操作程序：

（1）对配电箱验电，确认无漏电现象。

（2）将抽油机驴头停在上死点，刹紧刹车，分开空气开关，松开刹车。

（3）卸松电动机滑轨前、后顶丝，卸松电动机滑轨固定螺丝，用撬杠向前移动电动机。

（4）卸下电动机轮皮带。

（5）卸下电动机轮备帽（锁紧压帽及锁片）。

（6）安装拔轮器，卸下原皮带轮。

（7）清理电动机轴和新皮带轮内孔，测量电动机轴与皮带轮孔间隙，涂少许黄油。

（8）安装新电动机轮，均匀敲击将皮带轮打到位后，上紧电动机轮备帽（锁片及锁紧压帽）。

（9）安装电动机轮皮带。

（10）用撬杠向后移动电动机，紧固电动机滑轨顶丝，检查并调整皮带松紧度、皮带轮"四点一线"，对角紧固电动机滑轨固定螺丝。

（11）检查确认抽油机周围无障碍物，合空气开关，启机。

（12）观察皮带的松紧是否合适，电动机轮有无摆动现象。

（13）核对调整后冲次是否符合要求。

（14）测量上、下冲程电流，检查平衡情况。

（15）收拾工具，清理现场。

操作安全提示：

（1）操作人员相互协调配合，并做好安全监护。

（2）严禁不分空气开关操作，分、合空气开关需戴绝缘手套侧身操作。

（3）松刹车待平衡块停止摆动后，方可进行下步操作。

（4）严禁戴手套安装皮带，严禁手抓皮带。

（5）上、下平台平稳操作。

（6）彻底清理轴和皮带轮内孔，两者最大间隙不超过
±0.02mm。

（7）平稳操作拔轮器。

（8）严禁戴手套使用大锤。

12. 调整抽油机井冲程操作

准备工作：

（1）正确穿戴劳动保护用品。

（2）工用具、材料准备：冕形螺母专用套筒扳手1把，
0.75kg手锤、3.75kg大锤各1把，1200mm撬杠2根，铜棒1
根，规格合适光杆卡子1副，300mm、375mm活动扳手各1
把，36mm套筒扳手1把（加力杠1根），300mm平锉刀1把，
3t导链1副，200mm克丝钳1把，200mm一字形螺丝刀1把，
2m钢卷尺1把，棕麻绳2根，钢丝绳套2根，电流表1块，
绝缘手套1副，低压试电笔1支，排笔1支，红油漆、砂纸、
黄油、擦布若干。

操作程序：

（1）对配电箱验电，确认无漏电现象。

（2）将抽油机驴头停在接近下死点位置，刹紧刹车，分
开空气开关。

（3）在密封盒上方打紧光杆卡子。

（4）松刹车，合空气开关，启机，卸掉负荷，停机，刹
紧刹车，分开空气开关。

（5）（以结构不平衡重为负值为例）在横梁上悬挂钢丝绳
套，将导链大勾挂在钢丝绳套上，小钩挂在变速箱顶部吊环
上，拉动导链使其受力。

（6）拔出连杆与横梁固定螺丝上开口销，卸松固定螺丝。

（7）卸掉曲柄销上冕形螺母备帽及螺母，用铜棒顶住曲柄销的端头，用大锤击打同时在外侧用撬杠撬取使其松动。

（8）将棕绳绑在连杆下端向外拉销子，使曲柄销子脱出曲柄孔。

（9）用铜棒顶住衬套用大锤击打铜棒，把衬套打出曲柄孔。

（10）用同样方法将另一侧曲柄销及衬套取出。

（11）清理预调曲柄孔。

（12）清洗、检查曲柄销子衬套有无磨损，如需要进行更换。

（13）将衬套装入两侧预调曲柄孔。

（14）缓慢松刹车，使销子对准曲柄孔中心推进，拧紧冕形螺母及备帽，画防松线。

（15）取下导链和钢丝绳套，解开连杆下端的棕绳。

（16）上紧连杆与横梁固定螺丝，安装开口销。

（17）重新调整防冲距。

（18）松刹车，使驴头吃上负荷，刹紧刹车。

（19）卸掉密封盒上方的光杆卡子。

（20）用锉刀或砂纸清除光杆表面毛刺。

（21）检查确认抽油机周围无障碍物，松刹车，合空气开关，启机。

（22）检查防冲距是否合适，测电流检查平衡情况。

（23）收拾工具，清理现场。

操作安全提示：

（1）操作人员相互协调配合，并做好安全监护。

（2）严禁不分空气开关操作，分、合空气开关需戴绝缘手套侧身操作。

（3）操作时严禁手抓光杆。

（4）卡子必须打紧。

（5）抽油机加载、卸载时要平稳操作。

（6）严禁戴手套使用大锤。

（7）高空操作必须系安全带。

（8）装曲柄销时，要正确区分正反扣。

（9）运转24h后，对调整部位螺母重新紧固。

13. 更换抽油机井刹车蹄片操作

准备工作：

（1）正确穿戴劳动保护用品。

（2）工用具、材料准备：300mm、375mm活动扳手各1把，0.75kg手锤1把，200mm克丝钳1把，300mm铜棒1根，低压试电笔1支，绝缘手套1副，规格一致新刹车蹄片1副，擦布若干。

操作程序：

（1）对配电箱验电，确认无漏电现象。

（2）将抽油机驴头停在上死点位置，刹紧刹车，分开空气开关，松开刹车。

（3）用手钳卸开刹车摇臂与刹车拉杆接头穿销上的开口销，取下接头穿销，使刹车蹄片与刹车轮离开最大距离。

（4）卸掉刹车摇臂与刹车销的穿销，此时两刹车蹄片立即被弹簧弹开，放好刹车摇臂，取下刹车销、弹簧垫片等。

（5）卸松刹车蹄轴即减速箱上的固定螺栓，摘掉两刹车蹄片。

（6）将新刹车蹄片安装到蹄轴上，紧固定螺栓至松紧合适，使两刹车蹄片刚好能自由活动为宜。

（7）对正两刹车蹄片，穿好弹簧、刹车销及垫片，压紧，使刹车摇臂与刹车销孔对正，穿上接头穿销，锁好开口销。

（8）把刹车拉杆连头插入摇臂小头，插好穿销，装开口销。

（9）连接刹车拉杆。

（10）试调刹车松紧度至合理位置，松刹车。

（11）检查确认抽油机周围无障碍物，合空气开关，启机。

（12）启停机 2～3 次，检测刹车效果。

（13）收拾工具，清理现场。

操作安全提示：

（1）严禁不分空气开关操作，分、合空气开关需戴绝缘手套侧身操作。

（2）松刹车，待抽油机停稳后方可进行下步操作。

（3）高空操作必须系安全带。

（4）刹车片铆钉或固定螺帽要低于蹄片平面 2～3mm。

（5）刹车行程在 1/2～2/3 之间为合适。

14. 一级保养抽油机井操作

准备工作：

（1）正确穿戴劳动保护用品。

（2）工用具、材料准备：450mm 管钳 1 把，300mm、375mm、450mm 活动扳手各 1 把，电工工具 1 套，黄油枪 1 把，曲柄销套筒扳手 1 把，绝缘手套 1 副，低压试电笔 1 支，洗油剂、黄油、擦布若干。

操作程序：

（1）检查驴头中心与井口中心对中情况，如不合格要及时进行调整。

（2）测电流，检查抽油机平衡情况，如不合格要及时进行调整。

（3）对配电箱验电，确认无漏电现象。

（4）将抽油机驴头停在上死点位置，刹紧刹车，分开空气开关，松开刹车。

（5）检查毛辫子，有起刺、断股现象应更换。

（6）清除抽油机外部油污、泥土，旋转部位的警示标语要清楚醒目。

（7）紧固减速箱、底座、中轴承、平衡块、电动机等固定螺丝，检查安全线无错位现象。

（8）检查电动机、中轴顶丝应无缺损、顶紧。

（9）加注尾轴承、中轴承、曲柄销子轴承、驴头固定销子、减速箱轴承等处黄油。

（10）打开减速箱上盖，松开刹车，盘动皮带轮，检查齿轮啮合情况；检查减速箱油面及油质，不足时应补加，变质时要更换；清洗减速箱呼吸阀。

（11）检查刹车是否灵活好用，必要时应进行调整，刹车片上不能有油污，刹车行程在 1/2～2/3 之间，不在此范围内应进行调整。

（12）检查皮带松紧度、皮带轮"四点一线"是否合格，如不合格要及时进行调整。

（13）检查电器设备绝缘、接地良好，各触点接触完好（由专业电工完成）。

（14）检查确认抽油机周围无障碍物，松刹车，合空气开关，启机。

（15）检查抽油机运转情况是否正常，有无异响、振动。

（16）收拾工具，清理现场。

操作安全提示：

（1）操作人员相互协调配合，并做好安全监护。

（2）严禁不分空气开关操作，分、合空气开关需戴绝缘手套侧身操作。

（3）高空作业时必须系安全带。

（4）刹车行程在 1/2 ~ 2/3 之间为合适。

15. 二级保养抽油机井操作

准备工作：

（1）正确穿戴劳动保护用品。

（2）工用具、材料准备：450mm 管钳 1 把，300mm、375mm 活动扳手各 1 把，300mm 平锉刀 1 把，3.75kg 大锤 1 把，方卡子 1 副，200mm 克丝钳 1 把，曲柄销套筒扳手 1 把，600mm 水平尺 1 把，5m 钢卷尺 1 把，铜棒 1 根，金属软棒 1 支，吊线锤 1 个，电流表 1 块，黄油枪 1 把，润滑油桶 1 只，绝缘手套 1 副，低压试电笔 1 支，煤油、减速箱润滑油、黄油、油漆、磁铁、擦布、棉纱、砂纸若干。

操作程序：

（1）对配电箱验电，确认无漏电现象。

（2）将抽油机驴头停在上死点位置，刹紧刹车，分开空气开关。

（3）进行一级保养的全部内容。

（4）检查并调整驴头对中。

（5）逐一清洗抽油机中轴、尾轴、曲柄销轴承等润滑部位并加足黄油。

（6）回收减速箱内润滑油；打开减速箱上盖，检查各齿轮啮合情况，并用煤油清洗减速箱内部，用磁铁吸出铁屑并擦干；卸下减速箱盖板上的呼吸阀，拆洗清理干净后原样上好；按要求加足滑润油；根据情况决定是否更换垫片和油封。

（7）测量两侧连杆长度是否一致。

（8）检查曲柄销螺帽紧固情况，若松动必须进行紧固。

（9）检查曲柄键工作情况，必要时更换新键。

（10）检查两刹车片动作是否一致；检查刹车片磨损状况，判断是否需要调整或更换；调整刹车行程在 1/2～2/3 之间。

（11）检查皮带松紧度、皮带轮"四点一线"是否合格，如不合格要及时进行调整。

（12）检查配电箱内进、出线及线柱有无虚接、氧化过热和打火花现象；查看零线接地是否牢固；调整或更换交流接触器触点；润滑保养电动机，检查电动机绝缘是否合格（由专业电工完成）。

（13）在抽油机基础平面上选取适当位置，测量纵、横水平，计算水平误差是否合格，如不合格要及时进行调整。

（14）根据情况更换易损部件（曲柄销、套、键、连杆、铜套等）。

（15）检查确认抽油机周围无障碍物，松刹车，合空气开关，启机。

（16）检查抽油机运转情况是否正常，有无异响、振动。

（17）收拾工具，清理现场。

操作安全提示：

（1）操作人员相互协调配合，并做好安全监护。

（2）严禁不分空气开关操作，分、合空气开关需戴绝缘手套侧身操作。

（3）高空作业时必须系安全带。

（4）刹车行程在 1/2～2/3 之间为合适。

16. 巡回检查电动潜油泵井操作

准备工作：

（1）正确穿戴劳动保护用品。

（2）工用具、材料准备："F"形扳手1把，绝缘手套1副，低压试电笔1支，擦布若干，记录纸，记录笔。

操作程序：

（1）检查变压器有无警示牌，是否有异味，高压熔断器及触点有无虚接现象，端点杆绷绳是否紧固。

（2）检查变压器引线电缆、井口采油树入井电缆、控制屏电缆、地面电缆有无老化、破损现象；井场电缆是否埋深0.8m，电缆走向牌是否指示明确；接线盒有无安全警示标志。

（3）检查控制屏前是否有高压绝缘垫，用试电笔检查控制屏有无漏电现象。

（4）检查控制屏运行指示灯是否齐全完好，运行指示是否正确，检查过载、欠载整定值是否符合要求。

（5）录取数据，检查电流、三相电压是否平稳，有无停电、欠载、过载现象。

（6）检查井口各阀门开关是否处于正常位置，设备有无缺损、松动、渗漏现象。

（7）判断出油声是否正常。

（8）录取井口油压、套压、回压，压力值要在压力表量程1/3～2/3之间，检查压力值是否在合理范围内。

（9）开大掺水阀冲掺水管线，控制回油温度。

（10）检查控制屏采油树接地线是否良好。

（11）检查测试扒杆绷绳是否紧固，扶梯是否完好。

（12）检查井场是否平整，无油污，无杂草，埋地管线有无裸露、渗漏现象。

（13）收拾工具，清理现场。

操作安全提示：

（1）三相高压电压波动范围：－5%～10%之间，电流不平衡度不超过 5%。

（2）检查变压器时应站在安全护栏外检查，发现异常由专业人员处理。

（3）有停机或异常现象时及时汇报，请专业人员处理。

17. 更换电动潜油泵井电流卡片操作

准备工作：

（1）正确穿戴劳动保护用品。

（2）工用具、材料准备：按要求填写好的电流卡片（电动潜油泵井数据：井号、换卡日期、泵型、下泵日期、欠载值、过载值、油嘴、值班人等），上弦钥匙 1 把，记录笔。

操作程序：

（1）检查控制屏运行指示灯显示泵工作是否正常。

（2）打开控制屏记录仪门，抬起电流卡片记录笔杆，拨开卡片压销。

（3）缓慢将旧卡片取出。

（4）将时钟上满。

（5）根据电动潜油泵的实际运行情况及数据录取的需要，确定为日卡或周卡，将电流记录仪时钟选择相应挡位（挡位分 24h 和 168h）。

（6）安装新电流卡片，确定运转方向，并在卡片上做好标记。

（7）放下记录笔杆，对准卡片时间，卡紧电流卡片压销。

（8）关控制屏电流记录仪门。

（9）检查电流卡片记录电流与中控电流是否一致。

（10）检查旧电流卡片是否完全圈闭，停机部分需标明原因及规定的其他数据。

（11）收拾工具，清理现场。

操作安全提示：

（1）操作时动作平稳，避免触碰控制屏上其他开关、闸刀。

（2）时钟上弦力度要适度，避免出现停运或弦断。

18. 调整电动潜油泵井油嘴操作

准备工作：

（1）正确穿戴劳动保护用品。

（2）工用具、材料准备："F"形扳手1把，375mm活动扳手1把，油嘴专业扳手1把，规格合适油嘴1套，0～150mm游标卡尺1把，放空桶1个，生料带1卷，擦布若干，记录纸，记录笔。

（3）核实原油嘴直径。

操作程序：

（1）观察控制屏运行指示灯显示泵工作是否正常。

（2）检查井口各阀门开关是否处于正常位置，设备有无缺损、松动、渗漏现象。

（3）记录工作电流值、油压、套压、回压。

（4）可调式油嘴调整：扩大油嘴时用扳手逆时针方向拧动油嘴标；缩小油嘴，用扳手顺时针方向拧动油嘴标达到所需数值。

（5）不可调式油嘴调整油嘴时需进行更换：

①将控制屏选择开关拨到停止位置，机组停止运行，电流显示及电流记录卡片笔归零。

②关闭井口生产阀门、回压阀门（若是双管生产，还需关闭直通阀门），关闭套管定压放气阀，缓慢打开放空阀门，放净管线内压力。

③卸油嘴装置丝堵，放净油嘴装置内余留的液体，擦净

油嘴装置边缘。

④将油嘴扳手轻轻插进油嘴装置内，确认对准油嘴双耳，逆时针方向卸扣，卸下油嘴，

⑤擦净油嘴表面及油嘴孔内的脏物；测量新、旧油嘴孔径并记录，确认新油嘴符合要求。

⑥把新油嘴双耳卡在油嘴专用扳手内，双手端住油嘴专用扳手缓慢送入油嘴装置内，对正后顺时针上紧。

⑦清理干净丝堵螺纹，缠生料带，上紧丝堵。

⑧关闭放空阀，打开回压阀门（关闭的直通阀门须打开），检查确认无渗漏现象后打开生产阀门。

⑨将控制屏选择开关拨到手动位置，按启动按钮启泵，机组运行。

⑩到井口检查，观察油压上升情况，稳定后打开并调节套管定压放气阀。

（6）记录工作电流值、油压、套压、回压。

（7）收拾工具，清理现场。

操作安全提示：

（1）使用"F"形扳手时开口向外，开关阀门侧身操作，严禁手臂超过丝杠。

（2）调整油嘴时侧身操作。

（3）卸油嘴装置丝堵时，必须放净压力后方可进行下步操作。

（4）平稳装卸油嘴，避免扭掉油嘴双耳。

19. 巡回检查螺杆泵井操作

准备工作：

（1）正确穿戴劳动保护用品。

（2）工用具、材料准备："F"形扳手1把，300mm活动

扳手1把，校验合格压力表1块，绝缘手套1副，低压试电笔1支，擦布若干，记录本，记录笔。

操作程序：

（1）检查井口各阀门开关是否处于正常位置，设备有无缺损、松动、渗漏现象。

（2）录取井口油压、套压，压力值要在压力表量程1/3~2/3之间，检查压力值是否在合理范围内。

（3）冲洗掺水管线，控制回油温度在35~38℃之间（特殊井特殊对待）。

（4）检查密封填料压帽松紧是否合适，有无漏油现象。

（5）检查光杆外露是否不超过30cm，光杆旋转方向是否顺时针，方卡子安全防护罩是否完好无损。

（6）检查防反转装置是否灵活可靠。

（7）检查减速箱有无异常响声、振动，齿轮油位是否在1/2~2/3之间，箱体温度是否≤50℃。

（8）检查皮带护罩是否完好，有无安全警示语、旋转方向标志，皮带松紧是否合适，有无打滑、跳动现象。

（9）检查电动机、配电箱等电器设备是否完好，接线是否牢固；检查电动机运转声音、温度是否正常。

（10）检查各连接部位固定螺丝有无松动现象。

（11）测取电流，检查过载值是否为工作电流的1.2倍。

（12）检查井场是否平整，无油污，无杂草，埋地管线有无裸露、渗漏现象。

（13）收拾工具，清理现场。

操作安全提示：

（1）检查过程中人员与设备要保持安全距离（0.8m），皮带轮端面及切线方向严禁站人。

（2）检查电动机温度时，用手背触摸电动机，电动机运行温度不超60℃。

（3）开启配电箱前，用试电笔在无漆部位验电。

20. 启、停螺杆泵井操作

准备工作：

（1）正确穿戴劳动保护用品。

（2）工用具、材料准备：300mm活动扳手1把，"F"形扳手1把，低压试电笔1支，绝缘手套1副，擦布若干，记录纸，记录笔。

操作程序：

（1）启动前检查：

①检查井口流程正常，零部件及仪表齐全好用，设备无刺漏现象。

②检查减速箱油位应达到看窗的1/2~2/3之间。

③检查各部位固定螺丝及光杆卡子紧固牢靠。

④检查各安全防护罩完好无损。

⑤检查皮带、密封填料压帽松紧合适。

⑥检查防反转装置灵活可靠。

⑦对配电箱验电，确认无漏电现象。

⑧检查配电箱配件齐全，无漏电现象；配电箱、电动机接地完好，过载保护电流值按正常运转电流的1.2倍设置。

⑨检查周围无障碍物。

（2）合空气开关，按启动按钮。

（3）启动后检查：

①检查减速箱有无异常响声、振动，箱体温度是否≤50℃。

②检查密封填料压帽松紧是否合适，有无漏油现象。

③录取并记录井口油压、套压，压力值要在压力表量程

1/3 ~ 2/3 之间，检查压力值是否在合理范围内。

④观察运行电流、电压是否平稳。

⑤检查电动机运转声音、温度是否正常。

（4）记录启机时间、油压、套压、电流值。

（5）调整掺水量。

（6）对配电箱验电，确认无漏电现象。

（7）按停止按钮，分开空气开关。

（8）记录停机时间、油压、套压。

（9）调整掺水量（需要关井时关闭井口回油阀门）。

（10）收拾工具，清理现场。

操作安全提示：

（1）严禁不分空气开关操作，分、合空气开关需戴绝缘手套侧身操作。

（2）检查过程中人员与设备要保持安全距离（0.8m），皮带轮端面及切线方向严禁站人。

（3）检查防反转装置处于锁紧位置，必须制动可靠。

（4）长期关井时，需进行扫线。

21. 更换螺杆泵井皮带操作

准备工作：

（1）正确穿戴劳动保护用品。

（2）工用具、材料准备：300mm、250mm 活动扳手各 1 把，500mm 撬杠 1 根，低压试电笔 1 支，绝缘手套 1 副，规格合适皮带 1 组。

操作程序：

（1）对配电箱验电，确认无漏电现象。

（2）按停止按钮，分开空气开关。

（3）检查防反转装置是否灵活好用。

（4）拆卸皮带轮护罩。

（5）卸松电动机底座固定螺丝，利用顶丝前移电动机。

（6）拆卸旧皮带，安装新皮带。

（7）紧固电动机顶丝，检查并调整皮带松紧度、皮带轮"四点一线"，紧固电动机固定螺丝。

（8）安装皮带轮护罩。

（9）检查周围无障碍物。

（10）合空气开关，按启动按钮。

（11）检查设备运转正常，皮带松紧合适。

（12）收拾工具，清理现场。

操作安全提示：

（1）严禁不分空气开关操作，分、合空气开关需戴绝缘手套侧身操作。

（2）严禁戴手套安装皮带，严禁手抓皮带。

（3）检查过程中人员与设备要保持安全距离（0.8m），皮带轮端面及切线方向严禁站人。

22. 更换螺杆泵井驱动装置齿轮油操作

准备工作：

（1）正确穿戴劳动保护用品。

（2）工用具、材料准备：300mm 活动扳手 1 把，刻度尺 1 把，漏斗 1 支，低压试电笔 1 支，绝缘手套 1 副，齿轮油回收桶 1 个，同型号齿轮油、柴油或专业清洗剂若干，擦布若干。

操作程序：

（1）对配电箱验电，确认无漏电现象。

（2）按停止按钮，分开空气开关。

（3）卸下驱动装置底部、侧面排污丝堵。

（4）卸下呼吸阀。

（5）放掉旧齿轮油。

（6）清洗驱动装置3～5次。

（7）放净清洗（柴油或专业清洗剂）残油。

（8）上紧驱动装置底部、侧面排污丝堵。

（9）加齿轮油至看窗1/2～2/3处，并用刻度尺测量。

（10）安装呼吸阀。

（11）检查周围无障碍物。

（12）合空气开关，按启动按钮。

（13）检查设备运转正常，检查减速箱无异常响声、振动，箱体温度≤50℃。

（14）收拾工具，清理现场。

操作安全提示：

（1）严禁不分空气开关操作，分、合空气开关需戴绝缘手套侧身操作。

（2）检查过程中人员与设备要保持安全距离（0.8m），皮带轮端面及切线方向严禁站人。

23. 巡回检查注水井操作

准备工作：

（1）正确穿戴劳动保护用品。

（2）工用具、材料准备："F"形扳手1把，300mm活动扳手1把，25MPa校验合格压力表1块，秒表（瞬时水量表）1块，擦布若干，记录纸，记录笔。

操作程序：

（1）检查井口各阀门开关是否处于正常位置，设备有无缺损、松动、渗漏现象。

（2）录取并记录泵压、油压、套压，检查压力值是否在合理范围内。

（3）检查水表表面是否清洁、完好，水表运转有无堵塞、卡、停现象。

（4）记录水表（电磁流量计）底数，计算、核实注水量完成情况。

（5）根据配注方案，计算瞬时水量，用下流控制阀门调整注水量。

（6）检查井场是否平整，无油污，无杂草，埋地管线有无裸露、渗漏现象。

（7）收拾工具，清理现场。

操作安全提示：

（1）使用"F"形扳手时开口向外，开关阀门侧身操作，严禁手臂超过丝杠。

（2）操作时避开卡箍接口处。

（3）严禁超破裂压力注水。

24. 填写注水井班报表操作

准备工作：

（1）正确穿戴劳动保护用品。

（2）工用具、材料准备：注水井基础数据，当日生产动态数据，计算器1个，注水井班报表，白纸若干，记录笔。

操作程序：

（1）填写表头部分：队别、计量间号、日期。

（2）填写井号。

（3）填写注水方式、允许注水压力、配注水量。

（4）填写检查时间、泵压、油压、套压。

（5）填写注水时间，如有关井情况（如洗井、测试、酸化、井口维修等），注水时间应为全天时间扣除关井时间，在备注栏注明。

（6）填写水表起、止底数，无关井情况时用两次水表底数相减即为注水量；如有放溢流等情况，实际注水量应为水表底数计算出的注水量减去井口溢注量；水井测吸水指示曲线等原因导致注水量超出配注范围，在备注栏内注明。

（7）在备注栏中填写当日的生产情况。

（8）检查，签名，提交班组长审核、签名。

（9）收拾工具，清理现场。

25. 开、关注水井操作

准备工作：

（1）正确穿戴劳动保护用品。

（2）工用具、材料准备："F"形扳手1把，300mm、375mm活动扳手各1把，秒表（瞬时水量表）1块，黄油、擦布若干，记录本，记录笔。

操作程序：

（1）开井：

①检查设备各连接部位不渗不漏。

②检查水表应外观完好且校验合格。

③按注水方式倒注水井井口流程。

④缓慢稍开水表下流控制阀门，检查无渗漏现象后，开上流控制阀门至最大后返回半圈。

⑤测瞬时水量，按配注方案控制水表下流控制阀门调整注水量。

⑥记录开井时间、压力、水表底数、瞬时水量资料。

（2）关井：

①关闭水表上流控制阀门。

②关闭井口注水阀门：正注井关闭生产阀门；反注井关闭套管阀门。

③记录关井时间、压力、水表底数资料。

（3）收拾工具，清理现场。

操作安全提示：

（1）使用"F"形扳手时开口向外，开关阀门侧身操作，严禁手臂超过丝杠。

（2）操作时避开卡箍接口处。

（3）冬季开井前要检查管线以及井口有无冻结现象。

（4）对于多井配水间流程遇多井关井时，先关高压井，后关低压井。

（5）冬季长期关井，需用压风机扫地面管线，总阀门以下用保温材料包好；短期关井，地面管线及井口需放空。

26. 倒（正注）注水井反洗井操作

准备工作：

（1）正确穿戴劳动保护用品。

（2）工用具、材料准备："F"形扳手1把，300mm、375mm活动扳手各1把，600mm、900mm管钳各1把，3.75kg大锤1把，计算器1个，秒表（瞬时水量表）1块，洗井车1辆，洗井液回收罐车1辆，洗井管线、黄油、擦布若干，记录本，记录笔。

操作程序：

（1）检查井口各阀门开关处于正常位置，设备无缺损、松动、渗漏现象。

（2）关闭井口生产阀门，降压。

（3）连接井口放空阀门、洗井管线、洗井车进口阀门，再连接洗井车出口阀门、洗井管线、洗井液回收罐车。

（4）打开洗井放空阀门。

（5）打开套管阀门。

（6）按洗井排量要求，控制下流阀门调整洗井水量，进行洗井。

（7）分阶段洗井完成后，目测观察水质合格，关闭水表下流控制阀门。

（8）关闭套管阀门。

（9）关闭洗井放空阀门。

（10）拆卸洗井管线。

（11）打开井口生产阀门，开至最大后返回半圈。

（12）开水表下流控制阀门，根据配注要求，控制下流阀门调整注水量。

（13）记录洗井时间、注水时间、各阶段水表起、止底数、压力资料。

（14）收拾工具，清理现场。

操作安全提示：

（1）使用"F"形扳手时开口向外，开关阀门侧身操作，严禁手臂超过丝杠。

（2）操作时避开卡箍接口处。

（3）严禁戴手套使用大锤。

27. 更换注水井高压干式水表操作

准备工作：

（1）正确穿戴劳动保护用品。

（2）工用具、材料准备：24～27mm 梅花扳手 1 把，"F"形扳手 1 把，200mm 一字形螺丝刀 1 把，规格合适高压干式水表 1 块，放空桶 1 个，底部密封垫 1 个，上部密封圈 1 个，秒表（瞬时水量表）1 块，擦布、黄油若干，记录纸，记录笔。

操作程序：

（1）检查井口各阀门开关处于正常位置，设备无缺损、

松动、渗漏现象。

（2）检查确认新、旧水表规格一致，新水表外观完好、转动灵活。

（3）关闭水表上、下流阀门，打开放空阀门，泄压。

（4）记录关井时间、水表底数。

（5）卸下水表压盖固定螺丝，取下压盖。

（6）分三点撬出水表，清理水表壳内部。

（7）记录新、旧水表钢号。

（8）安装涂抹过黄油的水表下部密封垫、上部密封圈，把水表平稳放入水表壳内，计数器与管线平行。

（9）安装压盖，对角紧固压盖固定螺丝，检查调整法兰间隙一致。

（10）关闭放空阀门，稍开下流阀门，试压。

（11）检查无渗漏现象后，开上流阀门至最大后返回半圈。

（12）测瞬时水量，控制水表下流控制阀门，按配注方案调整注水量。

（13）收拾工具，清理现场。

操作安全提示：

（1）正确倒流程，严禁带压操作。

（2）使用"F"形扳手时开口向外，开关阀门侧身操作，严禁手臂超过丝杠。

（3）操作时避开卡箍接口处。

28.（玻璃管）计量单井产量操作

准备工作：

（1）正确穿戴劳动保护用品。

（2）工用具、材料准备："F"形扳手（或阀门专用扳手）1把，秒表1块，擦布若干，记录纸，记录笔。

（3）掺水井提前关闭掺水阀10～15min。

操作程序：

（1）检查计量间流程正常。

（2）缓慢打开分离器玻璃管上、下阀门，查看分离器内原有的液面状况。

（3）打开分离器气平衡阀门3～5圈，打开分离器进、出油阀门。

（4）打开单井进分离器阀门，关严单井进汇管阀门。

（5）进油平稳后，关闭分离器出油阀门。

（6）观察玻璃管内液位上升至下标线的上边线时，记录计量开始时间，当液位再上升至上标线的下边线时，记录计量终止时间。

（7）开大分离器出油阀门，使分离器内液面下降到下标线以下。

（8）根据产量确定量油次数，量油时间取平均值。

（9）待液面落下后，关闭玻璃管的下、上阀门。

（10）打开单井进汇管阀门，阀门完全开大后返回半圈，关严单井进分离器阀门。

（11）关闭分离器进、出油阀门和气平衡闸门。

（12）打开掺水阀，控制掺水量。

（13）收拾工具，清理现场。

操作安全提示：

（1）正确倒流程，避免憋压。

（2）量油时要先开玻璃管上流控制阀门，再开下流控制阀门；关闭时要先关玻璃管下流控制阀门，再关上流控制阀门。

（3）量油计时观察过程中，视线、液面、量油标线应在同一水平面上。

（4）若液面不降，可关气平衡阀门用气压压液面，液面下降到量油下标线以下，应及时打开气平衡阀门。

29. 更换计量间分离器玻璃管操作

准备工作：

（1）正确穿戴劳动保护用品。

（2）工用具、材料准备：200mm、250mm 活动扳手各 1 把，200mm 三角锉刀 1 把，150mm 一字形螺丝刀 1 把，2m 钢卷尺 1 把，放空桶 1 个，红色手工纸 1 张，记号笔 1 支，规格合适玻璃管 1 根，密封填料、黄油、擦布若干。

操作程序：

（1）测量上、下流控制阀门之间玻璃管安装长度，切割玻璃管。

（2）关闭下、上流控制阀门，打开放空阀门，泄压。

（3）卸掉堵头。

（4）卸松上、下压帽，取出格兰及旧填料。

（5）取出旧玻璃管。

（6）清理填料函。

（7）将压帽、格兰对应套在新玻璃管上，安装新玻璃管。

（8）加密封填料，坐好格兰，上紧压帽。

（9）安装堵头。

（10）关闭放空阀，打开上流控制阀门，试压。

（11）检查无渗、漏现象后，打开下流控制阀门。

（12）贴量油高度标线（标线宽度不大于 2.5mm，标定高度误差不超 +1mm）。

（13）收拾工具，清理现场。

操作安全提示：

（1）切割玻璃管平稳操作。

（2）正确倒流程，避免憋压。

（3）操作中避免磕碰玻璃管。

30. 冲洗计量间分离器操作

准备工作：

（1）正确穿戴劳动保护用品。

（2）工用具、材料准备："F"形扳手一把，300mm活动扳手1把，放空管线1根，擦布若干。

（3）核定安全阀检定压力，防止安全阀动作发生泄漏。

操作程序：

（1）检查计量分离器流程不渗不漏，管线畅通，各阀门灵活好用。

（2）检查分压表，记录分压值。

（3）连接放空管线，开关放空阀确认管线畅通。

（4）关严玻璃管下、上流控制阀门。

（5）选择1口含水较高井，打开该单井进分离器阀门，关严单井进汇管阀门。

（6）关分离器出口阀门。

（7）关分离器气平衡阀门，憋压。

（8）观察压力值，憋压至0.4~0.6MPa之间，迅速打开放空阀泄压，释放冲洗。

（9）关闭放空阀憋压。

（10）重复以上操作，反复冲洗3~5次。

（11）关严放空阀。

（12）打开气平衡阀门。

（13）打开玻璃管上、下流控制阀门。

（14）观察分离器内液面上升情况，待液面上升至玻璃管1/2 以上高度时，打开分离器出口阀门。

（15）待玻璃管内液位下降至下标线以下后，关严玻璃管下、上流控制阀门。

（16）打开单井进汇管阀门，关严单井进分离器阀门。

（17）卸放空管线。

（18）收拾工具，清理现场。

操作安全提示：

（1）正确倒流程，严禁带压操作。

（2）憋压过程中，要密切观察分压值。

（3）使用"F"形扳手时开口向外，开关阀门侧身操作，严禁手臂超过丝杠。

31. 更换闸板阀密封填料操作

准备工作：

（1）正确穿戴劳动保护用品。

（2）工用具、材料准备："F"形扳手 1 把，200mm 一字形螺丝刀 1 把，200mm 活动扳手 1 把，切割刀 1 把，小钩子、挂钩各 1 把，放空桶 1 个，密封填料、黄油、擦布若干。

操作程序：

（1）打开旁通阀门，关闭上流阀门，关闭下流阀门。

（2）打开放空阀泄压，观察压力表指针落零。

（3）将阀门开大，卸松密封填料压盖拉紧螺栓，抬起压盖，用挂钩挂牢。

（4）取净旧密封填料，清理干净填料函。

（5）以切口为 30°~45°切割填料，长度准确（如果用石棉绳，应用多股拧成绳），涂抹黄油。

（6）加入新填料，切口要吻合，每层之间切口要错开

120°～180°（如加石棉绳，要顺时针盘转），每加一圈应压实，加满为止。

（7）放下压盖，均匀对称紧固压盖拉紧螺栓，保证压盖平正，填料松紧合适。

（8）关闭放空阀，稍开下流阀门，试压。

（9）检查无渗漏现象后，开下流阀门、上流阀门至最大后返回半圈，关闭旁通阀门。

（10）收拾工具，清理现场。

操作安全提示：

（1）正确倒流程，严禁带压操作。

（2）使用"F"形扳手时开口向外，开关阀门侧身操作，严禁手臂超过丝杠。

32. 更换法兰垫片操作

准备工作：

（1）正确穿戴劳动保护用品。

（2）工用具、材料准备：250mm、300mm 活动扳手各 1 把，200mm 一字形螺丝刀 1 把，300mm 钢锯条 1 根，500mm 撬杠 1 根，200mm 划规 1 把，300mm 钢板尺 1 把，0.75kg 手锤 1 把，剪刀 1 把，"F"形扳手 1 把，放空桶 1 个，2.0mm 石棉垫板若干，擦布、黄油若干。

操作程序：

（1）打开旁通阀门，关闭上流阀门，关闭下流阀门。

（2）打开放空阀泄压，观察压力表指针落零。

（3）先卸松底部外侧螺栓，待管线内余压放净后，卸松另外三条法兰螺栓，取下便于操作的一条螺栓。

（4）取下旧法兰垫片。

（5）清理两侧法兰面。

（6）制作法兰垫片。

（7）在法兰垫片两面均匀涂抹黄油，安装法兰垫片，调整法兰垫片居中。

（8）安装法兰螺栓，对角均匀紧固法兰螺栓。

（9）关闭放空阀，稍开下流阀门，试压。

（10）检查无渗漏现象后，开下流阀门、上流阀门至最大后返回半圈，关闭旁通阀门。

（11）收拾工具，清理现场。

操作安全提示：

（1）正确倒流程，严禁带压操作。

（2）使用"F"形扳手时开口向外，开关阀门侧身操作，严禁手臂超过丝杠。

33. 更换法兰阀门操作

准备工作：

（1）正确穿戴劳动保护用品。

（2）工用具、材料准备：规格合适法兰阀门1个，250mm、300mm活动扳手各1把，"F"形扳手1把，200mm一字形螺丝刀1把，300mm三角刮刀1把，500mm撬杠1根，200mm划规1把，300mm钢板尺1把，0.75kg手锤1把，剪刀1把，放空桶1个，2.0mm石棉垫板、擦布、黄油若干。

（3）检查新阀门应规格合适、外观良好、开关灵活，关闭新阀门。

操作程序：

（1）打开旁通阀门，关闭上流阀门，关闭下流阀门。

（2）打开放空阀泄压，观察压力表指针落零。

（3）先卸松底部外侧螺栓，待管线内余压放净后，卸松另外三条法兰螺栓（以同样方法操作阀门另一侧法兰）。

（4）卸下两侧法兰螺栓，取下旧阀门。

（5）清理管线两侧法兰面。

（6）测量新阀门法兰盘尺寸，制作法兰垫片。

（7）安装新阀门，两侧法兰对角安装三条法兰螺栓。

（8）在法兰垫片两面均匀涂抹黄油，安装法兰垫片，调整法兰垫片居中。

（9）安装第四条法兰螺栓，对角均匀紧固法兰螺栓。

（10）关闭放空阀，打开更换的新阀门。

（11）稍开下流阀门，试压。

（12）检查无渗漏现象后，开下流阀门、上流阀门至最大后返回半圈，关闭旁通阀门。

（13）收拾工具，清理现场。

操作安全提示：

（1）正确倒流程，严禁带压操作。

（2）使用"F"形扳手时开口向外，开关阀门侧身操作，严禁手臂超过丝杠。

（3）安装阀门时注意液体进出方向。

二、常见故障判断处理

1. 抽油机井驴头不对准井口中心故障有什么现象？故障原因有哪些？如何处理？

故障现象：

（1）抽油杆偏磨。

（2）光杆密封圈密封效果差，密封盒漏油。

故障原因：

（1）抽油机安装质量不合格，使驴头与井口不对中。

（2）抽油机井生产过程中发生连杆断、曲柄销脱出等故障，导致游梁偏扭。

（3）抽油机基础倾斜或修井过程中操作不当，造成采油树不正。

处理方法：

（1）将驴头停在上死点，卸掉负荷刹死刹车，用吊线锤拴在悬绳器中心与井口垂直对中。

（2）调整驴头顶丝。

（3）调整游梁中轴承顶丝。

2. 抽油机井驴头运行至下死点时，井下有碰击声故障原因有哪些？如何处理？

故障原因：

（1）防冲距过小。

（2）光杆卡子不紧，光杆下滑发生碰泵。

处理方法：

重新调整防冲距。

3. 抽油机井光杆烫手、发黑故障原因有哪些？如何处理？

故障原因：

（1）密封盒过紧。

（2）油井不出油。

处理方法：

（1）调整密封盒松紧适度。

（2）查找不出油原因并处理。

4. 抽油机井光杆或光杆以下 1～2 根抽油杆脱扣故障有什么现象？故障原因有哪些？如何处理？

故障现象：

（1）抽油机悬点载荷上、下冲程差别大。

（2）油井不出油。

故障原因：

抽油杆与接箍未上紧。

处理方法：

（1）停机，关井。

（2）下放光杆对扣。

（3）重新调整防冲距。

5. 抽油机井悬绳器毛辫子打扭故障原因有哪些？如何处理？

故障原因：

（1）毛辫子断股。

（2）毛辫子长度不一致。

（3）光杆与井口中心不对中。

（4）驴头下行速度大于光杆下行速度（砂、蜡影响）。

处理方法：

（1）更换毛辫子。

（2）使用长度一致的毛辫子。

（3）调对中。

（4）洗井。

6. 抽油机井悬绳器毛辫子偏向驴头一边故障原因有哪些？如何处理？

故障原因：

（1）驴头制作不正。

（2）游梁倾斜或歪扭。

（3）底座安装不正。

处理方法：

（1）在驴头插销下面加垫子。

（2）在支架平台一边加垫子。

（3）调整底座水平。

（4）校正游梁。

7. 抽油机井悬绳器毛辫子拉断故障原因有哪些？如何处理？

故障原因：

（1）毛辫子钢绳中的麻芯断，造成钢绳间互相摩擦，钢绳受到很大损伤。

（2）毛辫子钢绳受到外力严重损伤，同部位断丝超过3根而未及时更换。

（3）绳头与灌注的绳帽强度不够，使绳帽与钢绳脱落。

处理方法：

（1）重新截取合适长度的钢绳更换。

（2）绳帽灌注要求：灌绳锥套的总长度不得超过100mm，灌铅时应在绳头上打入2～3根三角铁纤，起涨开作用；铅里应加入少量锌以增加强度，避免拉脱。

8. 抽油机井游梁不正故障有什么现象？故障原因有哪些？如何处理？

故障现象：

（1）驴头歪。

（2）支架轴承有异响。

（3）驴头与井口不对中。

故障原因：

（1）抽油机组装不合格。

（2）调冲程、换曲柄销子操作不当，造成游梁偏扭。

（3）两根连杆长度不一致。

处理方法：

（1）重新组装抽油机。

（2）校正游梁。

（3）更换长度相同的连杆。

9. 抽油机井游梁顺着驴头方向前移故障有什么现象？故障原因有哪些？如何处理？

故障现象：

光杆未对正井口中心，驴头顶着光杆前移，有异响，振动增加。

故障原因：

（1）中央轴承座固定螺栓松，前部的两条顶丝未顶紧中央轴承座，使游梁向驴头方向产生位移。

（2）游梁固定中央轴承座的"U"形卡子松，使游梁向驴头方向产生位移。

处理方法：

（1）用顶丝将中央轴承座顶回原位，上紧固定螺栓。

（2）卸掉驴头负荷，将抽油机停在上死点，使游梁回到原位置，检查并上紧"U"形卡子螺丝。

10. 抽油机井尾轴承座螺栓松动故障有什么现象？故障原因有哪些？如何处理？

故障现象：

尾轴承固定螺栓弯曲、剪断，有异响，轴承座产生位移。

故障原因：

（1）游梁上焊接的止板与横梁尾轴承座之间有空隙存在。

（2）支座表面有脏物，紧固固定螺栓时，未紧贴在支座表面上。

（3）尾轴承座后部穿过止板拉紧尾轴承座的螺栓未上紧。

（4）尾轴承座4条固定螺栓松动，或无止退螺帽。

处理方法：

（1）止板有空隙时，可在止板上加焊其他金属板。

（2）清理支座表面。

（3）上紧拉紧螺栓、固定螺栓，安装止退螺帽，划安全线加密检查。

11. 抽油机井连杆销响或外窜故障原因有哪些？如何处理？

故障原因：

（1）连杆销干磨。

（2）连杆销变形。

（3）拉紧螺丝松。

（4）定位螺丝松。

（5）游梁不正。

处理方法：

（1）加注黄油。

（2）更换变形的连杆销。

（3）紧固拉紧螺丝、定位螺丝。

（4）校正游梁。

12. 抽油机井连杆拉断故障原因有哪些？如何处理？

故障原因：

（1）连杆销被卡住。

（2）连杆单边受力。

（3）钢管或铸件存在严重缺陷。

处理方法：

（1）正确安装连杆销。

（2）消除不平衡现象，重新找正。

（3）成对更换质量合格连杆。

13. 抽油机井连杆刮碰曲柄平衡块故障有什么现象？故障原因有哪些？如何处理？

故障现象：

当抽油机运转到某一位置时发出异响，连杆和平衡块发生摩擦的部位有明显痕迹。

故障原因：

（1）游梁安装不正，中心线与底座中心线不重合。

（2）平衡块铸造不符合标准，凸起部分过高。

处理方法：

（1）调整游梁位置，使游梁中心线与底座中心线重合在一条直线上。

（2）磨掉平衡块上凸起过高部分。

14. 抽油机井平衡块固定螺栓松动故障有什么现象？故障原因有哪些？如何处理？

故障现象：

（1）上、下冲程各有一次有规律的异响。

（2）平衡块掉落地面，曲柄牙磨掉。

（3）固定螺栓部位有水锈痕迹。

故障原因：

（1）曲柄平面与平衡块之间有油污或脏物。

（2）平衡块固定螺栓、锁块螺栓松动。

处理方法：

（1）清理曲柄平面与平衡块之间的油污或脏物。

（2）紧固平衡块固定螺栓、锁块螺栓。

15. 抽油机井曲柄销子响故障原因有哪些？如何处理？

故障原因：

（1）冕形螺帽松动。

（2）销子键坏。

（3）销子和衬套的锥度配合不好。

（4）销子轴承损坏。

处理方法：

（1）紧固冕形螺帽。

（2）更换键。

（3）更换与销子锥度相适应的衬套。

（4）更换销子。

16. 抽油机井曲柄在输出轴上发生外移故障有什么现象？故障原因有哪些？如何处理？

故障现象：

曲柄在输出轴上向外移，从后面看抽油机连杆不是垂直而是下部向外，严重时掉曲柄，造成翻机事故。

故障原因：

（1）曲柄拉紧螺丝松动。

（2）曲柄键不合格，输出轴键槽与曲柄键槽有问题。

处理方法：

（1）紧固曲柄拉紧螺丝。

（2）更换键或加工异形键。

17. 抽油机井曲柄销在曲柄圆锥孔内松动或轴向外移拔出故障有什么现象？故障原因有哪些？如何处理？

故障现象：

周期性的轧轧声，严重时，地面上有闪亮的铁屑，发生翻机事故。

故障原因：

（1）曲柄销上的止退螺帽松动或未安装开口销，使冕形螺帽退扣。

（2）安装曲柄销时衬套内有脏物。

（3）曲柄销子衬套的圆锥面已被磨损。

（4）销轴与衬套的结合面积不够，销轴与衬套加工质量不合格。

处理方法：

（1）紧固冕形螺帽、止退螺帽，安装开口销。

（2）将旧销打出冲程孔，清理衬套内部，检查衬套是否磨损。

（3）检测曲柄销轴与衬套的配合情况。在衬套里抹上黄油，将曲柄销轴插入衬套内压紧，再拉出来看销轴上有多少面积粘有黄油，即可看到销与衬套的结合面积有多少，加工合格的销套其结合面积应达到65%以上，如果结合面积很小，可视为加工不合格，应更换。

18. 抽油机井减速箱漏油故障原因有哪些？如何处理？

故障原因：

（1）减速箱内润滑油过多。

（2）合箱口不严，螺丝松或没抹箱口胶。

（3）减速箱回油槽堵塞。

（4）油封失效或唇口磨损严重。

（5）减速箱的呼吸阀堵塞，使减速箱内压力增大。

处理方法：

（1）放掉减速箱内多余的润滑油，箱内油面应在看窗的 1/3～2/3 之间。

（2）箱口不严可重新进行组装。

（3）检查回油槽是否有脏物堵塞，清理干净。

（4）油封损坏更换油封，油封运转一段时间后应在二级保养时更换。

（5）拆洗、清理呼吸阀。

19. 抽油机井减速箱内有不正常的敲击声故障原因有哪些？如何处理？

故障原因：

（1）齿轮制造质量差。

（2）减速箱有窜轴现象。

（3）输出轴轴承磨损或损坏。

（4）齿轮倾斜角不正确。

（5）抽油机不平衡。

（6）冲次太快等。

处理方法：

（1）修理或更换减速箱。

（2）调整平衡至规定要求。

（3）调慢冲次。

20. 抽油机井减速箱轴承发热或有特殊响声故障原因有哪些？如何处理？

故障原因：

（1）润滑油不足或变质失效。

（2）轴承盖或密封部分松动。

（3）轴承磨损或损坏。

（4）轴承跑外圆。

（5）齿轮制造不精确。

处理方法：

（1）加注或更换润滑油。

（2）拧紧轴承盖螺丝。

（3）更换轴承、送修、用垫片调整间隙。

21. 抽油机井减速箱大皮带轮松动滚键故障有什么现象？故障原因有哪些？如何处理？

故障现象：

在运转时减速箱大皮带轮晃动，有异常声响。

故障原因：

（1）大皮带轮端头的固定螺栓松，使皮带轮外移。

（2）大皮带轮键不合适。

（3）输入轴键槽不合适。

处理方法：

（1）紧固大皮带轮的端头螺丝，锁紧止退锁片。

（2）更换大皮带轮键，检查输入轴键槽是否有损坏，如有损坏应更换输入轴，如果键槽是好的，即可根据键槽重新加工键。

22. 抽油机井皮带松弛故障有什么现象？故障原因有哪些？如何处理？

故障现象：

皮带有跳动、打滑、波浪状起伏的现象，并伴有异常声响。

故障原因：

（1）使用的皮带长度不一致。

（2）电动机滑轨的固定螺栓、顶丝松动。

（3）电动机固定螺栓松动。

（4）皮带拉长。

处理方法：

（1）选择合适的、长度一致的皮带。

（2）紧固松动的固定螺栓，顶紧顶丝。

（3）调整皮带的拉紧度。因皮带使用一段时间后会拉长，因此应适当调整，以保持皮带的拉紧度。单根皮带翻转180°松手即能回复到原样为合适，联组皮带手掌下压一指松开即可复位为合适。

23. 抽油机井刹车不灵活或自动溜车故障有什么现象？故障原因有哪些？如何处理？

故障现象：

（1）刹车时不能停在预定的位置。

（2）松刹车时刹车把推不动。

（3）刹车后，曲柄自动下滑。

故障原因：

（1）刹车行程未调节好。

（2）刹车片严重磨损。

（3）刹车片被润滑油污染，未起到制动作用。

（4）刹车中间座润滑不好或大小摇臂有一个卡死，拉到位置后刹车仍不起作用。

处理方法：

（1）调整刹车行程在1/2～2/3之间，并调整刹车凸轮位置，保证刹车时刹车蹄片能同时张开。

（2）更换严重磨损的刹车蹄片，取下旧刹车片重新铆上新刹车片。

（3）清理刹车毂里的油迹，保障刹车毂与蹄片之间无脏物、油污，如果油封漏油应更换油封。

（4）把刹车中间座拆开，因里面是铜套需要润滑，拆开后清理油道加注黄油，两个摇臂要调整好位置，不得有刮卡现象。

24. 抽油机井电动机无法启动故障原因有哪些？如何处理？

故障原因：

（1）控制电源开关未合上。

（2）熔断器熔断。

（3）过载保护动作后，未及时复位。

（4）启动按钮失灵。

（5）电动机保护装置线路接错。

处理方法：

（1）合上控制电源开关。

（2）更换熔断器。

（3）及时复位过载保护。

（4）检修或更换启动按钮。

（5）检查电动机保护装置线路。

25. 抽油机井烧坏电动机故障原因有哪些？如何处理？

故障原因：

（1）接错线，三相电源缺相。

（2）抽油机载荷过大，电控箱内的保护元件失灵。

（3）电控箱内电流调整值调得太大，长时间超载运转导致电动机烧坏。

（4）定子与转子相互摩擦。

（5）定子绕组短路或绕组接地。

处理方法：

（1）检查相间绝缘和对地绝缘，用欧姆表测定其电阻值不得低于 0.5MΩ。

（2）选择与抽油机载荷相匹配的电动机。

（3）重新调整电控箱内电流保护值。

（4）检修电动机。

26. 抽油机井启动时，电动机不转动有很大嗡嗡声故障原因有哪些？如何处理？

故障原因：

（1）一相无电，三相电压不平衡。

（2）有制动未松开或电动机输出端遇卡。

（3）启动器触点烧坏或接触不良。

（4）电动机接线盒接线螺丝松动。

（5）抽油机载荷过重。

处理方法：

（1）检查电路，排除故障。

（2）松开刹车，查找遇卡原因解卡。

（3）检修或更换触点。

（4）上紧电动机接线盒内接线螺丝。

（5）查明过载原因，进行处理。

27. 抽油机井电动机轴承发热、温度过高故障原因有哪些？如何处理？

故障原因：

（1）润滑不良。

（2）油环卡住或旋转太慢。

（3）轴承油槽被脏物堵塞或磨平。

（4）轴承质量不合格。

处理方法：

（1）定期检查，加注润滑油。

（2）清理调整油环。

（3）清理轴承油槽内脏物。

（4）检修轴承或更换新的轴承。

28. 抽油机井电动机运行时三相电流不平衡故障原因有哪些？如何处理？

故障原因：

（1）三相电压不平衡。

（2）电动机相间或匝间短路。

（3）接线错误。

（4）启动器接触不良，使电动机线圈局部断路。

处理方法：

（1）检查电路，测量相间绝缘。

（2）正确接线。

（3）检修或更换启动器。

29. 抽油机井电动机振动故障原因有哪些？如何处理？

故障原因：

（1）电动机滑轨固定螺丝松动或滑轨不水平或有悬空现象。

（2）电动机固定螺丝松。

（3）电动机底座有悬空现象。

（4）电动机轴弯曲。

（5）皮带"四点一线"未调整好。

处理方法：

（1）紧固电动机滑轨固定螺丝，调整滑轨水平。

（2）紧固电动机固定螺丝。

（3）扶正垫铁，紧固电动机底座固定螺丝。

（4）检修保养电动机，校正电动机轴。

（5）调整皮带"四点一线"。

30. 抽油机井翻机故障原因有哪些？如何处理？

故障原因：

（1）中尾轴螺丝松断。

（2）曲柄销子断或脱出。

（3）连杆断或连杆销子脱出。

（4）横梁断。

（5）中尾轴轴承损坏。

处理方法：

（1）停机检修。

（2）维修保养更换零件。

（3）曲柄销子和连杆之间装防翻机装置。

31. 抽油机井振动故障有什么现象？故障原因有哪些？如何处理？

故障现象：

抽油机支架摆动，底座和支架振动，电动机发出不均匀响声。

故障原因：

（1）井下发生刮卡等故障、井口不对中、抽油机负荷过大、平衡状况差。

（2）连接固定螺丝松动或配合不适当。

（3）底盘或基础有悬空。

（4）减速箱齿轮、曲柄键松动或损坏。

处理方法：

（1）解除井下故障，调对中、平衡，选择合适的抽油机或查出负荷大的原因予以消除。

（2）拧紧各部位固定螺丝。

（3）垫平底盘与基础悬空之处。

（4）检查齿轮、曲柄键。

32. 抽油机井发生漏失故障原因有哪些？如何处理？

故障原因：

（1）油管漏。

（2）活塞与衬套的配合间隙过大。

（3）抽油泵零件磨损。

（4）井内液体含有腐蚀性物质。

（5）油井出砂。

（6）油井结蜡。

处理方法：

（1）检泵作业。

（2）井下加装防砂筛管。

（3）常规热洗或高压热洗车洗井。

33. 抽油机井生产回压高故障原因有哪些？如何处理？

故障原因：

（1）进站、计量间的管线结垢。

（2）回油温度低，造成管线堵塞。

（3）管线结蜡。

（4）进站、计量间的阀门闸板脱落。

（5）掺水排量过大。

处理方法：

（1）管线除垢，更换结垢部位管线。

（2）提高掺水温度。

（3）冲（热）洗地面管线。

（4）修复或更换阀门。

（5）调节合适掺水量。

34. 抽油机井作业完开井后出油不正常或不出油故障原因有哪些？如何处理？

故障原因：

（1）井筒内有脏物、堵塞了泵的入口或阀座。

（2）作业压井措施不当，油层污染。

（3）抽油杆断脱。

（4）卡封、改层后，新层位供液能力弱。

（5）固定阀座或游动阀座不严。

（6）活塞未进入工作筒。

（7）油管漏失。

处理方法：

（1）用高压泵车向油套环形空间打压解堵。

（2）采取酸化或压裂措施解堵。

（3）捞杆。

（4）重新调整防冲距。

（5）碰泵、热洗等方法处理。

（6）作业。

35. 电动潜油泵井电压波动故障原因有哪些？如何处理？

故障原因：

（1）供电线路上大功率柱塞泵突然启动而引起电压瞬时

下降。

（2）附近多口油井同时启动。

（3）雷击。

处理方法：

（1）待其他设备启动后再启动电动潜油泵。

（2）安装避雷器。

36. 电动潜油泵井选择开关无论放在手动还是自动位置都发生自动启泵故障原因有哪些？如何处理？

故障原因：

（1）中间继电器卡死，不能复位。

（2）中心控制器失效，不能自控。

处理方法：

维修、更换中间继电器、中心控制器。

37. 电动潜油泵井启动时，井下机组不能启动故障原因有哪些？如何处理？

故障原因：

（1）电源没有连接或断开。

（2）控制屏控制线路发生故障。

（3）地面电压过低。

（4）电缆或电动机短路或绝缘损坏。

（5）泵、保护器、电动机机械故障。

（6）油稠、黏度大、死油过多、结蜡严重、泥浆未替喷干净。

处理方法：

（1）检查三相电源、变压器、熔断器。

（2）检查控制屏控制线路，即检查过载继电器整定值是否过小、检查控制屏的控制电压是否正常、检查控制屏控制线路熔断丝是否完好，并排除故障。

（3）根据电动机额定电压和电缆压降计算出地面所需电压，调整变压器档位到正常值。

（4）检查井下机组对地绝缘电阻、相间直流电阻，如绝缘达不到要求，则应检泵。

（5）作反向启动试验，如达不到要求，则应检泵。

（6）用低于60℃热水洗井，然后再启泵。

38. 电动潜油泵井井下机组运行电流偏高故障原因有哪些？如何处理？

故障原因：

（1）机组安装在弯曲井眼的弯曲处。

（2）电压过高或过低。

（3）排量大时泵反转。

（4）机组安装卡死在封隔器上。

（5）井液黏度或密度过大。

（6）泵级数过多。

（7）有泥砂或其他杂质。

处理方法：

（1）适当上提或下放几根油管。

（2）根据需要调整电压值。

（3）控制排量。

（4）选择合适泵型，重新安装，严重的可选择其他抽油方式。

39. 电动潜油泵井在正常运转过程中停机，且因为电流高而不能再启动故障原因有哪些？如何处理？

故障原因：

（1）井区有大风或雷电，熔断丝被烧断。

（2）电网电压波动或电源线容量低。

（3）管路和集输系统有大量的泥砂或其他堵塞物。

（4）机组运行时间长，井内出砂、泥浆等，止退垫和轴承磨损引起摩擦阻力大。

处理方法：

（1）更换熔断丝。

（2）仔细检查和分析，必要时需要更粗的电源线，更大的变压器或电容器。

（3）清理干净管路和集输系统中泥砂或其他堵塞物。

（4）作业检泵或更换机组。

40. 电动潜油泵井因电流偏低而停机故障原因有哪些？如何处理？

故障原因：

（1）泵气锁。

（2）泵抽空。

（3）欠载值调整不合适。

（4）在无系统电源的地区使用发电动机，而发电动机转速偏低。

处理方法：

（1）合理控制套压。

（2）合理调整电动潜油泵井工作参数。

（3）液体负荷轻但又供液充足时，可适当将欠载保护值调低。

（4）将发电动机调到正常转速。

41. 电动潜油泵井欠载停机故障原因有哪些？如何处理？

故障原因：

（1）油层供液不足。

（2）气体影响。

（3）欠载电流整定值偏小。

（4）油管漏失严重。

（5）电路故障。

（6）井下机组故障（如泵轴断、电动机空转）。

处理方法：

（1）提高连通注水井注水量，改变采油方式。

（2）合理控制套压，更换分离器或加深泵挂。

（3）合理调整欠载电流整定值。

（4）作业更换油管。

（5）检修电路。

（6）作业检泵或更换机组。

42. 电动潜油泵井过载停机故障原因有哪些？如何处理？

故障原因：

（1）正常过载停机：

①井液密度、黏度增加。

②洗井不彻底，井内有杂质。

③油管或地面管线结蜡。

④雷击造成缺相。

⑤机组本身故障（机组磨损、电动机过热）。

（2）瞬间过载停机：

①电动机、电缆、电缆头烧坏。

②控制屏有问题，如主回路某一相或记录仪、主控线路虚接，熔断器烧坏。

③电干扰，如雷击、变压器输出电压低。

④套管变形卡泵。

处理方法：

（1）洗井，下泵前冲砂，同时对出砂井要考虑上提机组。

（2）清蜡和热洗地面管线。

（3）查找瞬间过载原因，相应处理。

（4）更换机组。

43. 电动潜油泵井油嘴堵塞故障原因有哪些？如何处理？

故障原因：

（1）油嘴结垢，直径变小。

（2）井液密度大，有杂质。

（3）清蜡后，蜡块堵塞。

处理方法：

（1）油嘴解堵。

（2）更换油嘴。

44. 电动潜油泵井产液少或不出油故障原因有哪些？如何处理？

故障原因：

（1）油管漏失。

（2）泵吸入口被堵。

（3）输油管路堵塞或阀门关闭。

（4）泵的总压头不够。

（5）泵轴、保护器轴或电动机轴断裂。

（6）转向不对。

（7）抽空或动液面太低。

（8）油管结蜡堵塞。

处理方法：

（1）憋压，如漏失，需作业更换油管。

（2）将泵提出清理，有时可用反转解堵。

（3）检查管路回压，采用适当措施清理管道。

（4）重新检查选井、选泵设计。

（5）将机组起出，更换损坏部位。

（6）从地面接线盒处调换任意两根导线的接头，试转。

（7）测动液面，调小油嘴、换小泵。

（8）检查地面流程、阀门，热洗地面管线。

（9）油管清蜡。

45. 电动潜油泵井憋压时油压不升或上升缓慢故障原因有哪些？如何处理？

故障原因：

（1）油管断脱、泵漏失严重、油管头严重漏失。

（2）气体影响。

（3）供液差。

处理方法：

（1）更换油管头密封圈，检泵作业。

（2）调小油嘴、换小泵、加强周边注水井的注入能力。

46. 电动潜油泵井回压过高故障原因有哪些？如何处理？

故障原因：

（1）倒错流程。

（2）回油管线冻堵、结垢。

（3）油井产液量高，管线直径小。

（4）系统压力高。

处理方法：

（1）正确倒流程。

（2）管线进行解堵、清垢。

（3）合理控制排量，更换大直径管线。

（4）查找系统压力高原因，及时处理。

47. 螺杆泵井井口漏油故障原因有哪些？如何处理？

故障原因：

（1）法兰盘密封钢圈未安装好，法兰螺丝未均匀紧固。

（2）机械密封失效。

（3）密封填料压帽未上紧。

（4）减速箱油封未安装好或磨损，O形密封圈损坏。

处理方法：

（1）重新紧固法兰螺栓，严重的需停机修复、更换法兰。

（2）更换机械密封。

（3）添加新密封填料，上紧密封盒。

（4）重新安装、更换油封，更换新O形密封圈。

48. 螺杆泵井光杆不随电动机转动故障原因有哪些？如何处理？

故障原因：

（1）皮带过松造成打滑。

（2）皮带断裂。

（3）减速箱轴断裂或齿轮打齿。

处理方法：

（1）紧固皮带。

（2）更换皮带。

（3）更换轴或驱动装置。

49. 螺杆泵井运行电流高于正常值故障原因有哪些？如何处理？

故障原因：

（1）油井结蜡严重。

（2）流程（管线）有堵塞。

（3）定子橡胶胀大。

处理方法：

（1）采取常规或高压热洗清蜡，重新制定热洗周期。

（2）对管线解堵。

（3）定子橡胶胀大，一般发生在新泵下井的初期，正常运转一段时间后电流高的现象就会消失。

50. 螺杆泵井运行电流接近正常值，但排量效率较低故障原因有哪些？如何处理？

故障原因：

（1）长期运转，泵定子橡胶磨损严重、失效。

（2）泵漏失严重。

（3）气体影响或供液不足。

处理方法：

（1）检泵。

（2）合理控制套压，调低转数、换小泵。

51. 螺杆泵井电流表指针摆动故障原因有哪些？如何处理？

故障原因：

（1）笼型转子开焊或断裂。

（2）绕线型转子故障（一相断路）或电刷、集电环短路装置接触不良。

处理方法：

（1）修复或更换转子。

（2）检查回路并修复。

52. 螺杆泵井通电后电动机未转动（无异响、异味、冒烟现象）故障原因有哪些？如何处理？

故障原因：

（1）电源未通（至少两相未通）。

（2）熔断丝熔断（至少两相熔断）。

（3）过流继电器调整过小。

（4）控制设备接线错误。

处理方法：

（1）检查电源回路开关、熔断丝、接线盒，修复。

（2）检查熔断丝型号、熔断原因，更换熔断丝。

（3）调节继电器整定值。

（4）正确接线。

53. 螺杆泵井电动机启动困难，额定负载时，电动机转速低于额定转速较多故障原因有哪些？如何处理？

故障原因：

（1）电源电压过低。

（2）电动机接线错误。

（3）笼型转子开焊或断裂。

（4）定转子局部线圈接错。

（5）修复电动机绕组时增加匝数过多。

（6）电动机过载。

处理方法：

（1）测量电源电压。

（2）正确接线。

（3）检查并修复开焊、断点。

（4）查找误接处，予以改正。

（5）恢复正确匝数。

（6）减载。

54. 螺杆泵井地面驱动装置运行噪声大故障原因有哪些？如何处理？

故障原因：

（1）皮带松。

（2）皮带罩松。

（3）电动机轴承损坏。

（4）驱动装置承载轴承磨损严重。

（5）驱动装置齿轮磨损严重。

处理方法：

（1）紧固或更换皮带。

（2）紧固皮带罩螺栓。

（3）更换、维修电动机。

（4）更换驱动装置承载轴承。

（5）更换驱动装置。

55. 螺杆泵井驱动装置机械密封失效故障有什么现象？故障原因有哪些？如何处理？

故障现象：

（1）井液进入驱动装置箱体内，油面上升，润滑油变质。

（2）井液泄漏到地面。

故障原因：

（1）机械密封座骨架油封失效。

（2）密封室呼吸孔堵塞。

（3）驱动装置不水平，振动大。

处理方法：

（1）更换机械密封座骨架油封。

（2）疏通密封室呼吸孔。

（3）检查并调整驱动装置水平。

56. 螺杆泵井驱动装置承重轴承损坏故障有什么现象？故障原因有哪些？如何处理？

故障现象：

（1）箱体温度升高。

（2）运行电流升高。

（3）负荷过大。

故障原因：

（1）齿轮油变质。

（2）添加了型号不一致的油品。

（3）箱体长时间未清洗。

处理方法：

（1）清洗驱动装置。

（2）更换合格齿轮油。

（3）更换驱动装置承重轴承。

57. 螺杆泵井驱动装置齿轮打齿故障原因有哪些？如何处理？

故障原因：

（1）齿轮油缺失或变质。

（2）添加了型号不一致的油品。

处理方法：

（1）添加齿轮油。

（2）清洗驱动装置，更换型号一致齿轮油。

（3）更换驱动装置。

58. 螺杆泵井蜡堵故障原因有哪些？如何处理？

故障原因：

（1）热洗质量不合格。

（2）热洗周期不合理。

（3）井下防蜡器失效。

处理方法：

（1）提高热洗质量。

（2）制定合理热洗周期。

（3）选择高效井下防蜡器，对失效防蜡器进行更换。

59. 螺杆泵井杆断故障有什么现象？故障原因有哪些？如何处理？

故障现象：

（1）井口无产量。

（2）憋泵时油压不升，工作电流接近空载电流。

处理方法：

作业。

60. 注水井注水量上升故障原因有哪些？如何处理？

故障原因：

（1）地面计量设备不准，造成记录数值偏高。

（2）地面管线漏失或泵压升高。

（3）封隔器失效、管外窜槽、油管脱节或螺纹连接处漏失、配水嘴刺大或脱落、底部阀球与阀座密封不严。

（4）有新的小层吸水。

（5）提高注水压力后，沟通了一些微小的裂缝。

（6）有水淹层。

（7）油水井采取压裂、酸化等增注措施后，使地层的吸水能力增加。

处理方法：

（1）校对流量计。

（2）封堵管线漏失处。

（3）作业更换封隔器，维修油管，更换水嘴。

（4）综合分析、调整。

61. 注水井注水量下降故障原因有哪些？如何处理？

故障原因：

（1）计量仪器不准。

（2）管线堵塞、阀门闸板脱落。

（3）水嘴或滤网堵塞、射孔孔眼堵塞。

（4）水中脏物堵塞了地层孔道，造成吸水能力下降。

（5）注水井井况变差，引起注水量下降。

（6）油层压力回升，使注水压差减小。

处理方法：

（1）校对流量计。

（2）管线解堵、维修或更换阀门。

（3）反洗井，解堵。

（4）提高注水质量。

（5）采取压裂、酸化措施。

（6）根据油田开发方案综合调整。

62. 注水井油压升高故障原因有哪些？如何处理？

故障原因：

（1）泵压升高。

（2）管线堵塞、阀门闸板脱落。

（3）水嘴堵或滤网堵。

（4）地层的吸水能力下降、射孔孔眼堵塞。

处理方法：

（1）管线解堵、维修或更换阀门。

（2）反洗井，解堵。

（3）提高注水质量。

（4）采取压裂、酸化措施。

63. 注水井油压下降故障原因有哪些？如何处理？

故障原因：

（1）地面因素：地面管线漏。

（2）井下因素：封隔器失效、管外水泥窜槽、底部单流阀密封不严、配水嘴脱落或刺大、油管漏。

（3）地层因素：由于提高注水压力沟通了地层的一些微裂缝，采取增注措施后，使地层的渗透率增加、地层欠注、有水淹层。

处理方法：

（1）及时封堵管线漏失处。

（2）反洗井解堵无效后更换水嘴。

（3）维修油管、更换封隔器。

64. 注水井水表表芯停走故障原因有哪些？如何处理？

故障原因：

（1）安装水表芯时，表芯与表壳高度尺寸不符，压盖将表芯压坏或压紧。

（2）水表压盖安装偏斜，将计数器支架压歪或传动机构卡死。

（3）脏物卡住翼轮或中心齿轮。

（4）顶尖或轴套磨损严重，叶轮被叶轮盒壁卡住。

（5）投产时水表内未注满清水或操作不平稳，表芯受冲击而损坏。

（6）倒流程时，上流阀门未打开。

处理方法：

（1）更换水表芯。

（2）调整水表压盖，达到不偏不斜，法兰间隙一致。

（3）拆洗水表芯体，清除脏物。

（4）修复、更换磨损严重的顶尖或轴套。

（5）投产前先让水表内注满清水，然后平稳缓慢打开上流阀门。

65. 注水井水表水量计量误差大故障原因有哪些？如何处理？

故障原因：

（1）顶尖磨损。

（2）中心齿轮严重磨损。

（3）滤网堵塞。

（4）齿轮传动机构有脏物。

（5）调节板与叶轮夹角不合适。

处理方法：

（1）更换顶尖。

（2）更换中心齿轮。

（3）清洗滤网。

（4）清洗齿轮传动机构。

（5）调整调节板与叶轮夹角。

66. 注水井洗井不通故障有什么现象？故障原因有哪些？如何处理？

故障现象：

注水井倒好洗井流程后，水表不转动，无水流声音。

故障原因：

（1）地面管线堵塞或冻结。

（2）倒错流程、阀门闸板脱落。

（3）油管底部球与球座关闭打不开。

（4）封隔器胶筒未收缩或封隔器洗井通道打不开。

（5）井底砂面上升，砂堵进液孔等。

处理方法：

（1）地面管线解堵、解冻。

（2）检查洗井流程，更换阀门。

（3）作业更换封隔器。

（4）作业冲砂。

67. 注水井管线穿孔故障有什么现象？故障原因有哪些？如何处理？

故障现象：

（1）油压下降，注水量增加。

（2）有高压水从管线中刺出。

故障原因：

（1）管线腐蚀穿孔、砂眼。

（2）管线受外力重压、破坏。

处理方法：

（1）更换腐蚀严重的管线。

（2）补焊、修复。

68. 注水井（分层）油、套压平衡故障原因有哪些？如何处理？

故障原因：

（1）油管头窜水。

（2）保护封隔器以上油管渗漏或螺纹漏。

（3）保护封隔器失效。

（4）套管阀门不严。

处理方法：

（1）更换油管头密封圈。

（2）更换油管。

（3）更换保护封隔器。

（4）维修、更换套管阀门。

69. 注水井第一级封隔器失效故障有什么现象？故障原因有哪些？如何处理？

故障现象：

（1）当第一级封隔器以上有吸水层时：封隔器失效后，会导致全井吸水量上升，套压上升，油压下降，油套压接近平衡。

（2）当第一级封隔器以上无吸水层时：封隔器失效，将导致套压迅速上升，油压不变，使油套压平衡，注水量不变。

故障原因：

（1）封隔器胶皮筒变形或破裂，无法密封。

（2）配水器弹簧失灵及管柱底部单流阀不严，使油管内外达不到封隔器胶皮胀开所需的压差。

（3）封隔器上部油管严重漏失。

处理方法：

作业更换封隔器。

70. 计量间量油时，关闭分离器出油阀门，玻璃管内无液面故障原因有哪些？如何处理？

故障原因：

（1）流程未倒通或油井不出油。

（2）玻璃管上、下流阀门不通（堵塞或未开）。

（3）出油阀门或旁通阀门漏失严重或丝杠动闸板不动。

（4）气平衡阀门未开，分压不断上升，玻璃管中液面在一定时间内不上升或上升缓慢。

（5）分离器严重缺底水，使原油进入分离器后，造成凝结油堵塞。

处理方法：

（1）检查流程，分析、处理油井不出油故障。

（2）打开上、下流阀门，清洗玻璃管。

（3）维修或更换阀门。

（4）打开气平衡阀门。

（5）冲洗分离器。

71. 计量间量油时，分离器玻璃管爆裂故障原因有哪些？如何处理？

故障原因：

（1）玻璃管质量差。

（2）玻璃管密封填料过紧。

（3）液位计旋塞阀上、下不同心。

（4）流程倒错造成憋压。

（5）安全阀失灵造成憋压。

（6）操作不当，磕碰。

处理方法：

（1）安装标准质量玻璃管。

（2）调整玻璃管密封填料松紧合适。

（3）调整液位计旋塞阀同心。

（4）检查并倒通流程。

（5）观察分压，校验安全阀。

（6）平稳操作。

72. 计量间安全阀不动作故障原因有哪些？如何处理？

故障原因：

（1）开启压力高于规定压力。

（2）阀瓣被脏物粘住或阀门通道被堵塞。

（3）阀门运动部件被卡死。

（4）安全阀冻结。

（5）定压值过大，使介质压力达到规定值时阀门不能起跳。

处理方法：

（1）重新调整开启压力。

（2）清除阀瓣和阀座上的杂物。

（3）检查阀门，排除卡阻现象。

（4）阀门解冻。

（5）调整定压值。

73. 计量间安全阀提前开启故障原因有哪些？如何处理？

故障原因：

（1）安全阀定压低于规定压力。

（2）弹簧松弛或腐蚀，导致开启压力下降。

（3）随着温度的升高，弹簧的弹力降低，而导致阀门提前开启。

处理方法：

（1）重新调整开启压力，使其等于规定压力。

（2）更换弹簧。

（3）换成带散热装置的安全阀。

74. 阀门阀杆转动不灵活故障原因有哪些？如何处理？

故障原因：

（1）密封填料压盖过紧。

（2）阀杆或阀盖螺纹损坏。

（3）阀杆与阀盖间的螺纹锈蚀或存在杂质。

（4）阀杆弯曲变形。

处理方法：

（1）适当松动密封填料压盖螺丝。

（2）检修阀杆、阀盖螺纹。

（3）清除阀杆螺纹上铁锈、杂质，并加润滑油。

（4）更换阀杆。

75. 阀门填料渗漏故障原因有哪些？如何处理？

故障原因：

（1）密封填料压盖过松。

（2）密封填料不足或安装不符合要求。

处理方法：

（1）对称压紧密封填料压盖。

（2）添加或更换密封填料。

76. 法兰渗漏故障原因有哪些？如何处理？

故障原因：

（1）法兰螺丝松动。

（2）法兰间隙不一致。

（3）法兰面间有杂物。

（4）法兰垫片损坏。

（5）流程倒错，憋压。

处理方法：

（1）紧固法兰螺丝。

（2）调整法兰间隙一致。

（3）清除法兰面间杂物。

（4）更换新法兰垫片。

（5）正确倒流程。

77. 压力表常见故障有什么现象？原因有哪些？如何处理？

故障现象：

（1）指针不动。

（2）指针跳动。

（3）指针不落零。

故障原因：

（1）压力表控制阀门未打开、传压孔堵塞。

（2）指针和中心轴松动、扇形齿轮和啮合齿轮脱节。

（3）游丝弹簧失效，传动件生锈或夹有杂物。

（4）弹簧弯管失去弹力，指针松动。

处理方法：

（1）打开压力表控制阀门、疏通传压孔。

（2）更换压力表。